Design and Hand-drawing Series

设计与手绘丛书

产品手绘效果图表现技法

曹伟智　编著

辽宁美术出版社

图书在版编目（CIP）数据

产品手绘效果图表现技法 / 曹伟智编著. -- 沈阳：辽宁美术出版社，2014.5

(设计与手绘丛书)

ISBN 978-7-5314-6029-9

Ⅰ. ①产… Ⅱ. ①曹… Ⅲ. ①产品设计-绘画技法 Ⅳ. ①TB472

中国版本图书馆CIP数据核字(2014)第083522号

出 版 者：辽宁美术出版社

地　　址：沈阳市和平区民族北街29号　邮编：110001

发 行 者：辽宁美术出版社

印 刷 者：沈阳华厦印刷有限公司

开　　本：889mm×1194mm　1/16

印　　张：9

字　　数：150千字

出版时间：2014年5月第1版

印刷时间：2014年5月第1次印刷

责任编辑：洪小冬　彭伟哲

封面设计：范文南　洪小冬

版式设计：洪小冬　彭伟哲　童迎强　严　赫

技术编辑：鲁　浪

责任校对：李　昂

ISBN 978-7-5314-6029-9

定　　价：60.00元

邮购部电话：024-83833008

E-mail:lnmscbs@163.com

http://www.lnmscbs.com

图书如有印装质量问题请与出版部联系调换

出版部电话：024-23835227

序

preface

>>> 对于学习或从事工业设计的学生和同仁而言，无论是基于现实的思考还是对未来的想象，都需要通过产品效果图这样一种形式，将抽象的创意转化为具体的视觉图形来表达或传递设计的意图。他不仅为业主及决策部门提供了解、评价和研讨依据，也是设计师拓展方案参与竞争的重要手段。可见，效果图是由设计的需要而产生的，是一种具有一定实用价值的应用艺术。同时也成为现代工业设计教育中不可缺少的教学环节之一，更是设计者必须掌握的一门专业技能。

>>> 近些年来随着工业设计的普及和发展，有关产品效果图的书籍和培训日见增多，引起了众多从事和热爱设计工作朋友们的关注和兴趣。对推动现代设计事业的繁荣，进一步提高设计表现水准创造了良好条件。正值此时，曹伟智老师编著了这部集理论知识与实际表现于一体的专业书籍，系统地将绘画美学、透视学、设计表现、计算机表现等融会贯通。凭借多年教学经验，以丰富的设计案例系统介绍了多种表现方法的特点、绘制程序及技法，并积极引入计算机数位板辅助设计手段，真实准确地表现产品的造型、色彩、质感、结构和光影等特征，甚至还能将产品的剖视关系、连接状态、操作过程及使用环境有效地表现出来。为设计、生产和营销提供了最直观、最经济的视觉形象。使得产品预想图的表达形式更加精准、快捷、具有感染力，给人留下深刻的印象和联想。

>>> 基于作者长期勤奋实践积累了丰富的教学经验和实践成果。为本书确立了理性思维与感性认识相互融会的编写风格，既无偏重于纯技术的呆板，也无偏颇于纯艺术的浪漫，而且赋予技术与艺术以时代的气息。文字表述清晰准确，图例步骤严谨有序，各章节衔接顺畅，循序渐进，相得益彰。均表明作者辛勤努力，潜心钻研，对事业的执著追求。

>>> 最后，祝愿作者以此为良好开端，在未来设计表现研究方面不断探究、充实，取得更大收获。

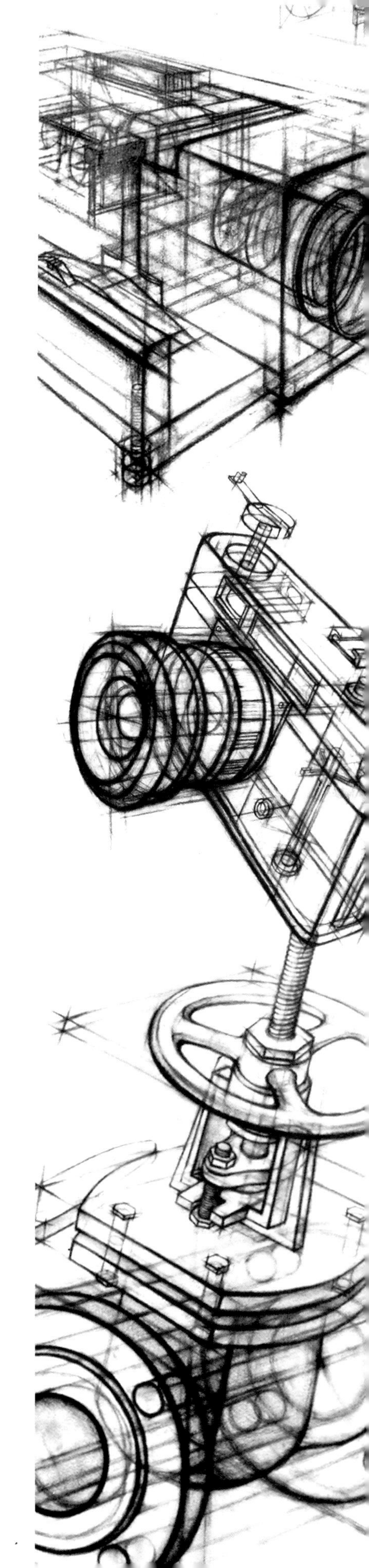

前言
preface

>>> 产品手绘效果图是培养快速捕捉、快速表现的基础训练课，它以快捷的方式将客观对象和主观创意的形象特征、材质特征、色彩特征、物象空间关系、大体透视关系、光影效果、审美特征高度概括地进行纸面表达，以此传达设计信息，沟通设计思想。它具有鲜明的形体结构表现力。

>>> 作为特殊的设计表现语言，产品效果图是在一定的设计思维和方法的指导下，在平面的介质上通过特殊的工具(如铅笔、钢笔、马克笔、透明水色、水粉、电脑辅助表现等)将抽象的概念视觉化；它既需要直观地表现产品的外观、色彩、材料质感，还要表现出产品的功能、结构和使用方式。产品效果图是设计师表达设计思想的媒介，通过创作过程真实地表达其设计内涵和设计风格，进而研究和推敲设计方案的可行性，可见产品效果图在产品设计中具有无可替代的重要意义，具体的作为是：

一、快速表达构想：首先是拟定出整体的构思，把自己心里所想的创意得心应手地快速表现出来，初步表达出设计思想和基本形象，为下一步设计方案的表现打好铺垫，它是草图绘制的基本功能。

二、推敲方案，延伸构想：工业设计是创造性的活动。虽然设计师在效果图的绘制表现中所使用的方式、艺术手法和材料工具各不相同，但这种差异性恰恰表达了设计师个性的抒展。设计师的灵感和朦胧的设计构想在平面视觉效果图的绘制过程中，经过不断修改、完善，逐步趋向成熟，并且通过对大脑想象的不确定图形的展开，诱导设计师探求、发展、完善新的形态和美感，最终获得具有新意的设计构思。

三、传达真实效果：效果图表现的内容应该是真实的，是带给人的一种直观的感受。设计师应用表现技法完整地提供与产品有关的功能、造型、色彩、结构、工艺、材料等信息，忠实地、客观地表现未来产品的实际面貌。从视觉感受上沟通设计者和参与设计开发的技术人员与消费者之间的联系。

>>> 产品手绘效果图的训练不仅能提高设计者快速熟练地进行设计表现的能力，更能促进形象思维的积极运转，开拓想象空间，对设计构想的深度、广度和完善起着非常重要的作用。

曹伟智

目录

contents

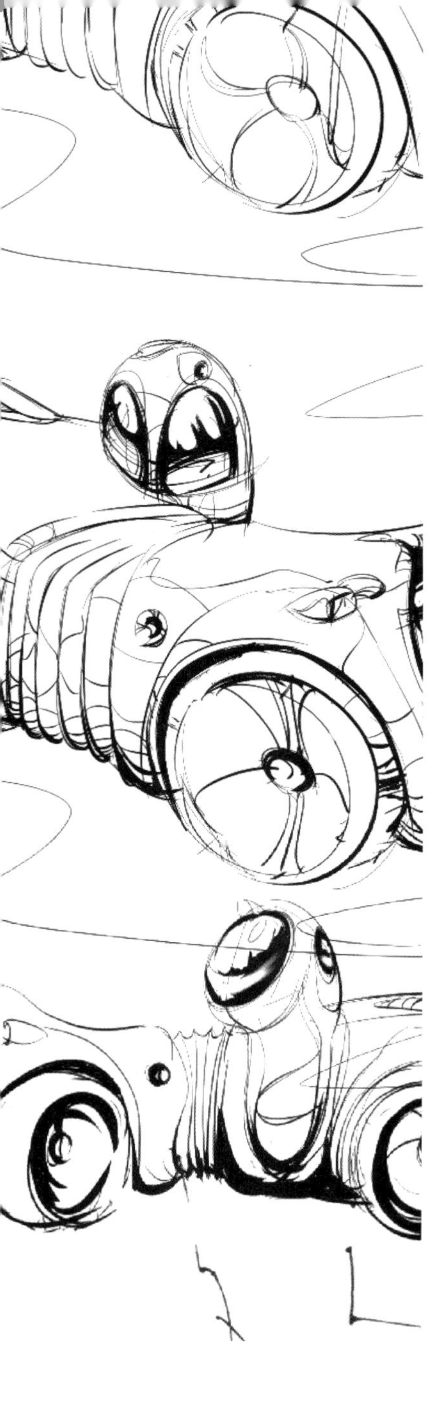

第一章
产品效果图的表现基础

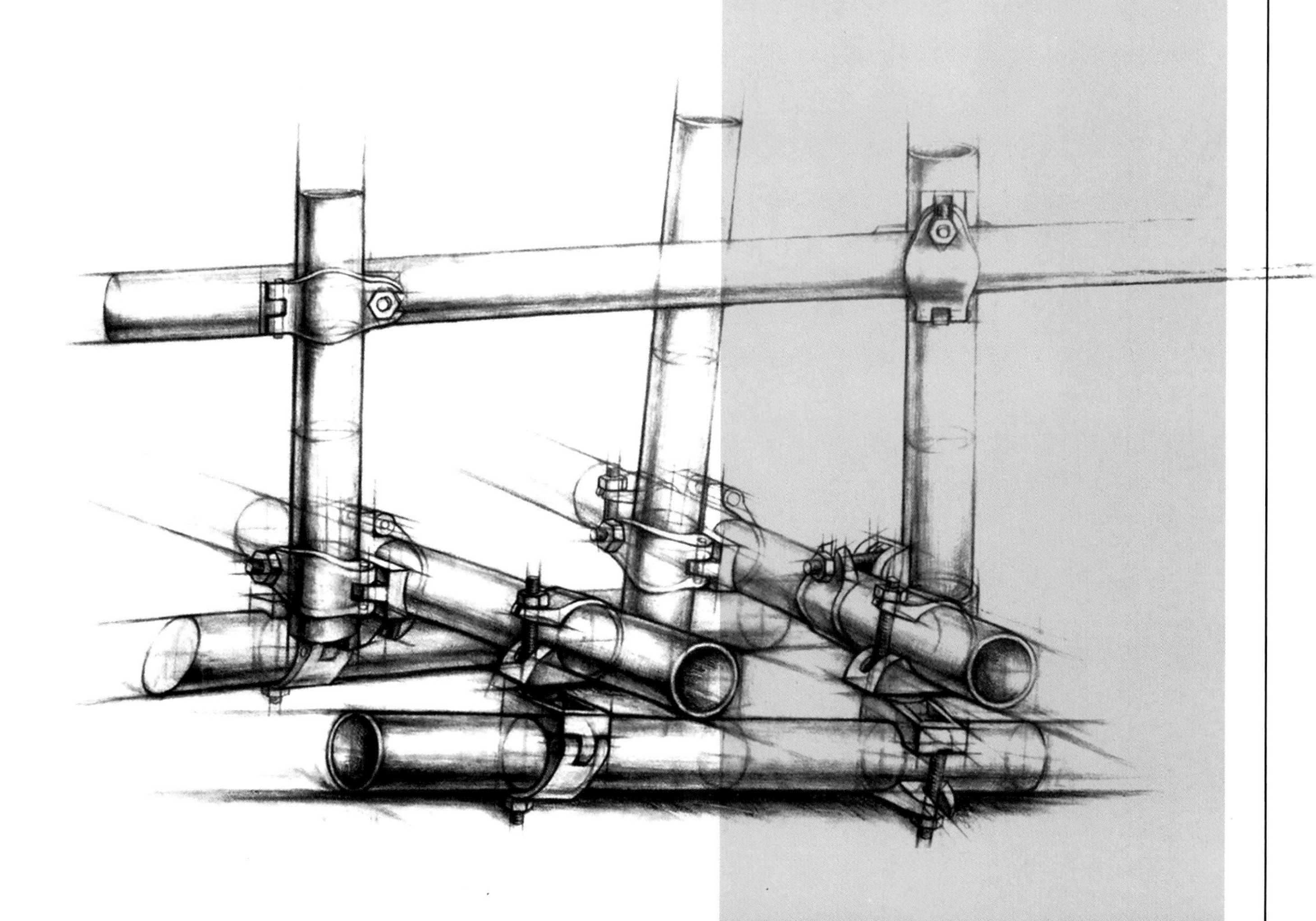

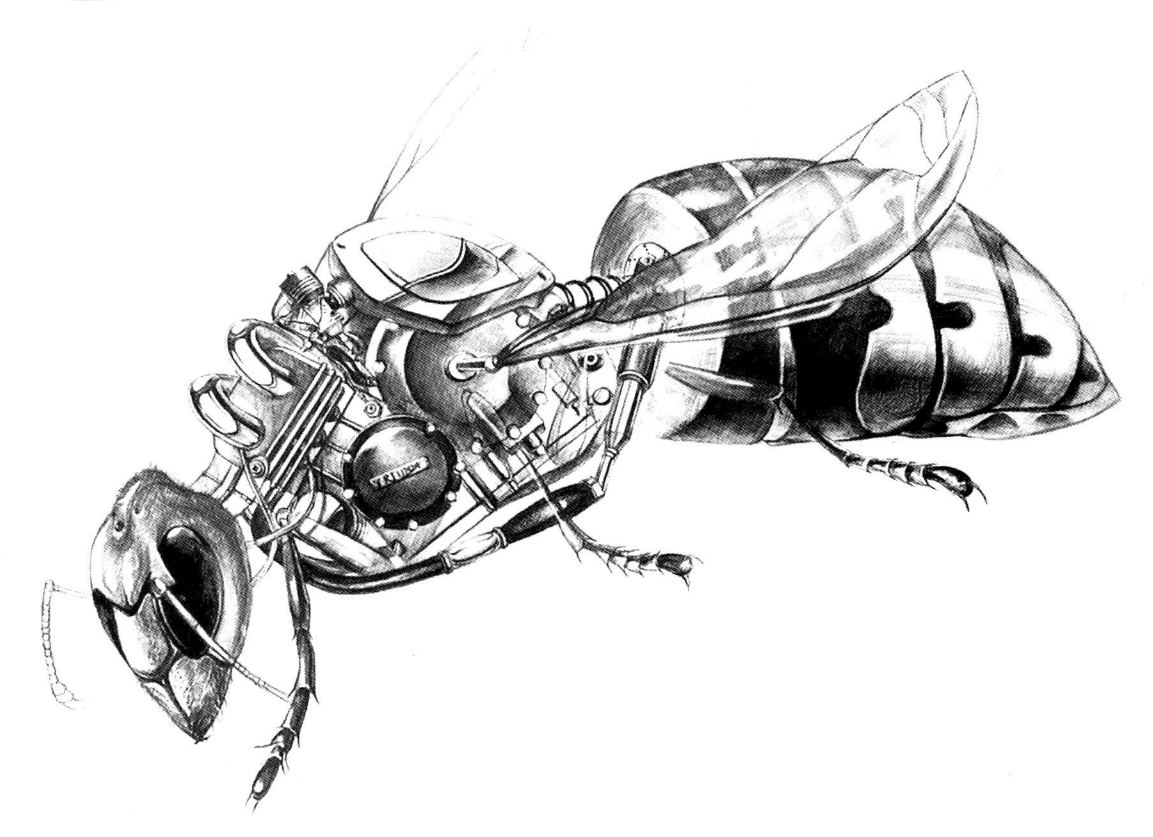

第一章　产品效果图的表现基础

产品透视与设计素描是产品手绘效果图表现的基础。它以理性的分析与明确的表现为目的，认识形体与结构的变化规律，追求强烈的视觉效果，并结合一定的科学原理与手段，把造型所涉及的诸多因素加以理性的把握和发挥，提高其画面的构图组织能力和空间想象能力，系统地把握和控制其内在形式、比例尺度、形体过渡、配合关系、空间位置、运动规律和视点移动等条件下引起的结构和透视角度的变化。

产品手绘效果图讲究结构和体积的关系，特别是结构的概念是产品设计师必须掌握的。产品透视与设计素描从根本上解决了产品中结构、体积、想象等诸方面的要求，其表现方法充分地为产品设计领域奠定了扎实的基础。产品设计因为有了产品透视与设计素描，才使设计师的创造性思维有了不断施展的表现空间。

产品透视与设计素描是提升学生对设计的基本原理与规律的认知能力的基础，它是提高设计造型的能力与正确表达设计意图的重要途径。针对工业设计专业的学习特点，进行有针对性的能力训练，以产品透视的分析、几何形体、结构性素描和意向性素描的训练作为主要方面的诠释，强调感觉与理解并重，要求掌握深入刻画与高度概括、归纳的表现能力，为产品手绘效果图的学习奠定坚实的造型基础。

第一节　产品表现的透视剖析

透视是立体物象在平面上的中心投影或平面上的圆锥状投影。对于我们学习产品设计的人来说，在表达和传达设计意图时，就是如何运用透视图法有效地解决产品的形态、比例、尺度及位置等诸要素。在二维的平面上较真实地画出具有三维立体图形的产品形态来。这是一门条理性、科学性很强的画法，这里我们只做常规性的了解，如借助其主要透视原理会更好、更准确地认识、研究、剖析形体。

现实生活中的物体会因为观测点的远近变化而变化，形成近大远小，最后汇集于一点的透视现象。这是由于人的视觉作用，周围的景物都是以透视关系映入人们的眼帘，使人们感觉到空间、距离、物体的丰富形态。透视图的画法就是根据透视的基本规律固定人们的视点，通过连接视点与物体各点的线，把这个三维的立体形态或空间形态绘制在物体与视点之间的一个画面上，从而把这个三维立体物体转换成为一个具有立体感的二维空间画面的绘画技法，这种画法可以给人以真实的空间感，符合人的视觉习惯。所以透视图的画法是物体效果图的绘制与产品构思分析的基础。

一、透视角度、视高与物体的关系

由于人观察物体的角度不同，物体会产生不同的透视变化。人观察物体时随着视觉高度的变化，会分别产生俯视、平视、仰视的透视变化。

通常我们根据透视灭点的数量及对物体观察角度的不同，将透视归纳为三种类型。

1.一点透视（平行透视）

物体的两个立面与画面平行，余下的两个立面与画面形成90°的直角。这样形成的灭点只有一个。一点透视表现的范围广，纵深感强，容易绘制，适合表现物体的一个主要面。

2.两点透视（成角透视）

物体与画面成角，有两组的水平透视线分别消失于画面的两侧，这样形成两个灭点。其中45°透视与30°、60°透视是典型的两点透视。两点透视表现灵活，物体的形态表现得充分、肯定。

3.三点透视（倾斜透视）

物体的任何一个面都与画面成角，除在画面的两侧形成两个灭点，垂直于地面的那组平行线的透视线也产生一个消失点。一般表现为物体的仰视图和俯视图。

二、一点透视（平行透视）

一点透视：所有的透视都消于一点，一点透视的成立必须使物体的正面与视平线平行，有时也称一点透视为平行透视。

在一点透视（平行透视）中，会因为灭点（也就是视线的消失点）位置的偏移而导致视图的各种变化。

如果灭点偏上，那么在视图上更多表现的是物体底面的变化；

消点　　消点

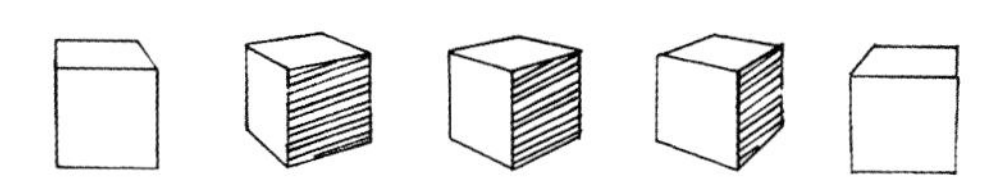

透视的不同角度

如果灭点偏下，那么在视图上更多表现的是物体顶面的变化；

如果灭点偏右，那么在视图上更多表现的是物体左面的变化；

如果灭点偏左，那么在视图上更多表现的是物体右面的变化；

所以对一点透视灭点的选择对于视图的表现有着重要的作用，也是在绘制视图之前应着重考虑的问题。

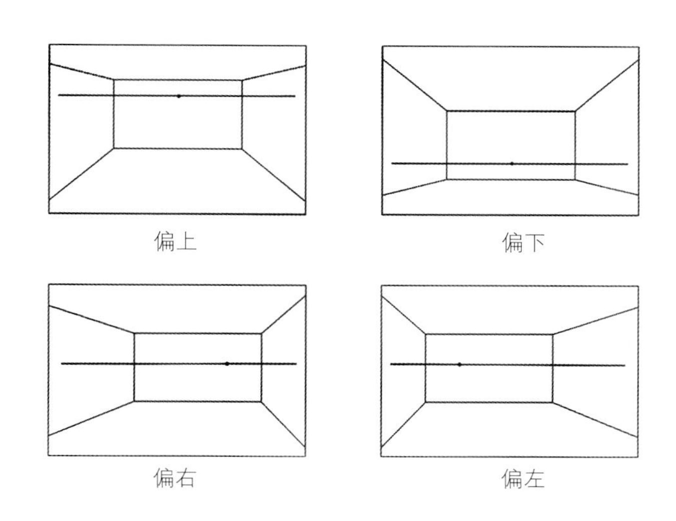

一点透视灭点变化

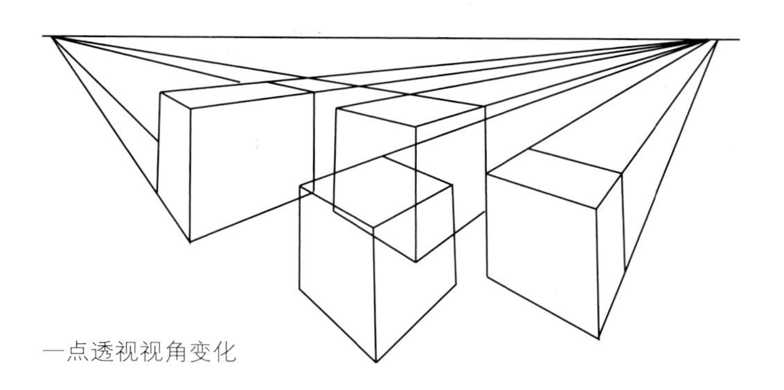

一点透视视角变化

一点透视（平行透视）的作图步骤：

1.先确定要画物体的一个面，形成一个四方形，四个点分别为A、B、C、D。

2.确定一条视平线，并在视平线上选一点作为灭点E。

3.由A、B、C、D各点向灭点E做延长线。

4.再由底边AB的一点B向视平线引一条线交于一点F，F点是与画面成45°角的水平线的灭点。

5.把AE线与BF线的交点确定为a，由a点平行引出的线交于BE线的交点定为b，由a点向上引出的垂线交于DE线的交点为d，由b点向上引出的垂线交于CE线的交点为c，连接Dd、dc、Cc点，就完成一点透视。

三、两点透视（成角透视）

产生物体透视的两个消点都在视平线上，其透视形体与视平线产生角度，所以又叫成角透视。成角透视是效果图中广为使用的透视图，特别是45°透视，30°、60°透视是典型的两点透视。

30°、60°两点透视（平行透视）的作图步骤：

1.按比例画出要画物体的平面图ABCD，

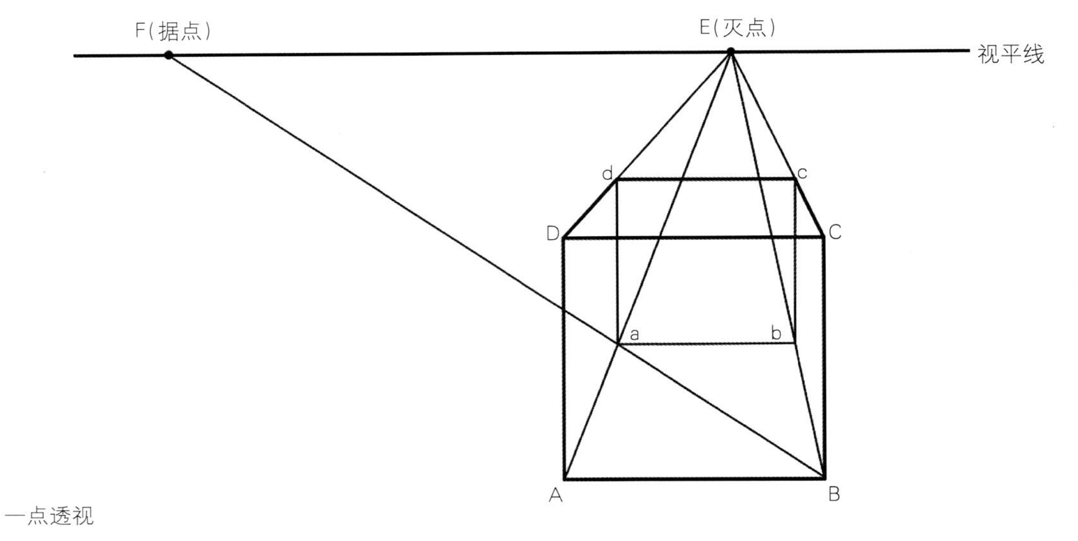

一点透视

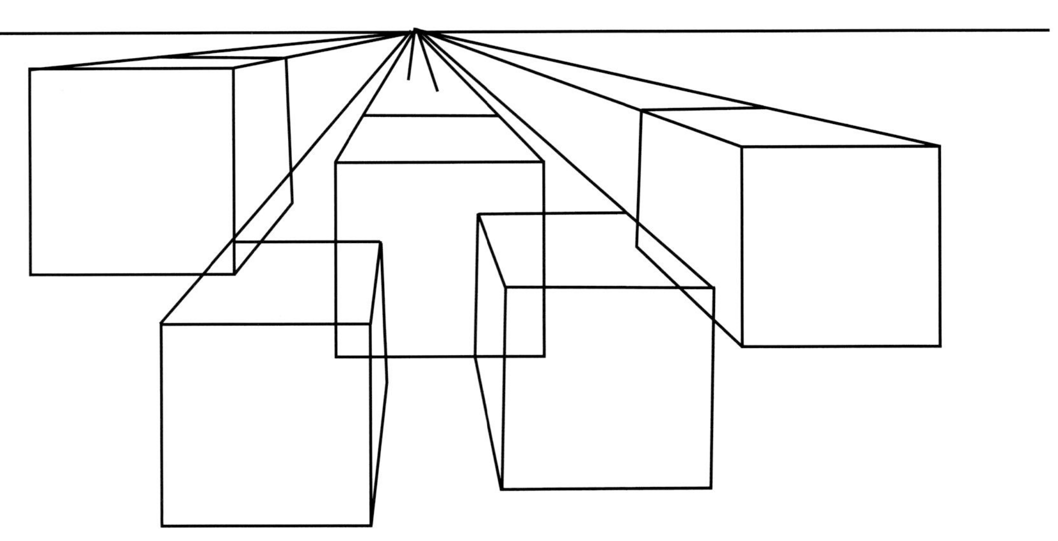
两点透视视角变化

并把平面图成30°、60°放在画面线之上。

2.确定视点w点，并在画面线与w点之间画一条基线，在画面线与基线之间画出一条视平线。

3.由视点w平行AB、AD边画两条平行线，交于画面线，再由这两个交点向视平线引出两条垂线，交于视平线两点V1、V2，这两个点就是灭点。

4.作AB边的延长线交画面线于E点，再从E点向下引垂线交于基线的e点，由e点向上量出物体的高度ef，然后再由e、f两点向V2点连线，得到eV2、fV2两条线。

5.从平面图ABCD的各点向视点w连线交在画面线上a、b、d三点，接下来由a、b点向下画线交于eV2、fV2两条线，得到a1、a2边和b1、b2边。

6.连接V1点与a1a2边、b1b2边的各点，得到a1V1、a2V1两边，由d点向下引垂线交于a1V1、a2V1两边d1、d2点，由 a1、a2、b1、b2、d1、d2向V1、V2连线就得到该物体的成角透视图。

45°成角透视：

较之30°、60°成角透视，45°成角透视与它们的区别，就在于物体的平面图与画面线的成角为45°，其余画法和步骤一致。

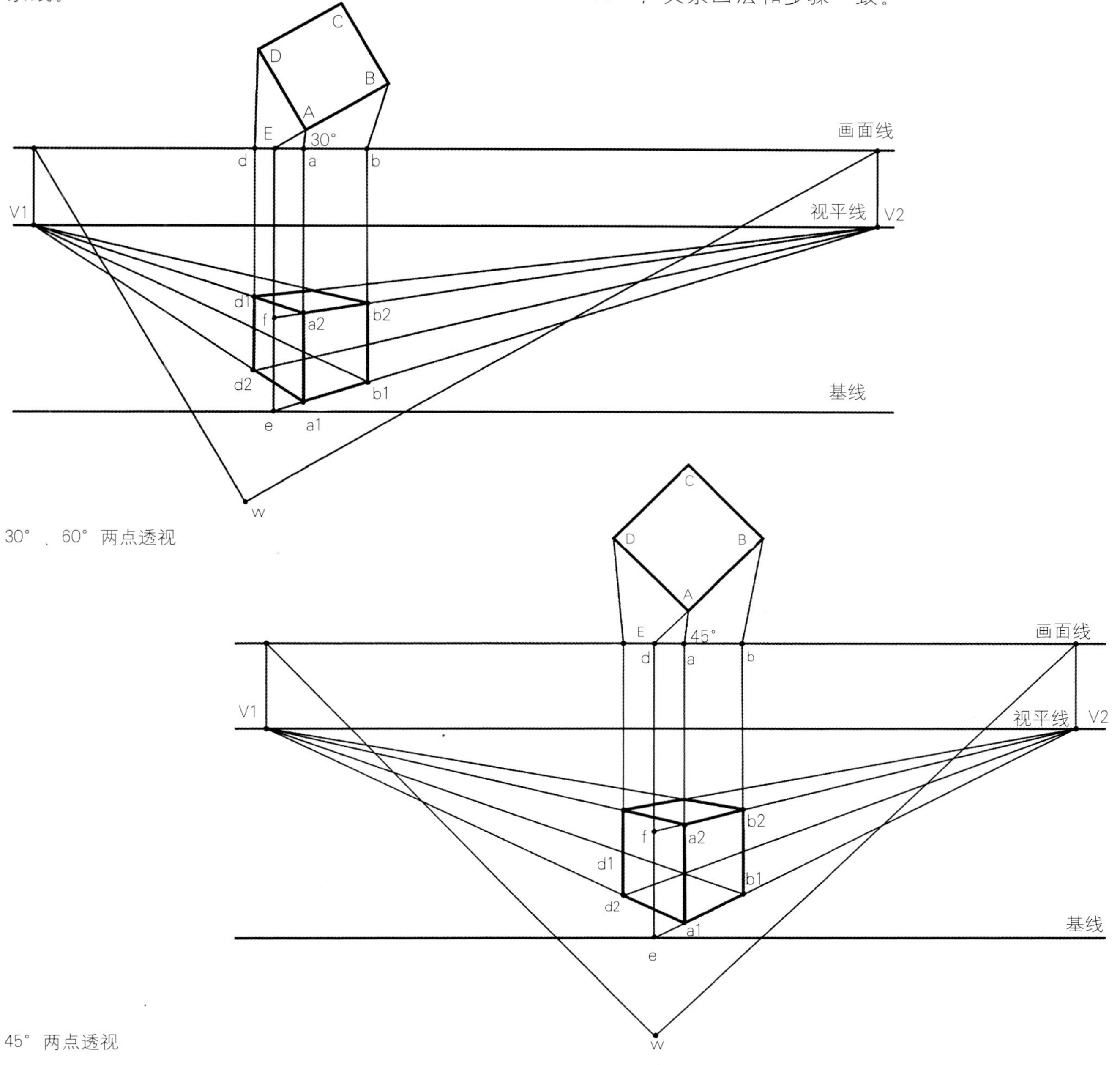

30°、60°两点透视

45°两点透视

在设计实践过程中，我们一般把复杂的物体首先都归纳为简单的立方体，然后画出这个立方体的透视图，再进行细节的分割，画出物体各部分的形态。

在绘制透视图过程中，灭点、视平线的位置决定了透视图中要表达的物体的大小，小型物体的视平线远离画面，同时灭点也要远离画面；中型物体的视平线设在画面上部，同时灭点也要靠近画面；大型物体的视平线设在画面的下部，同时灭点也要靠近画面或者就在画面中。

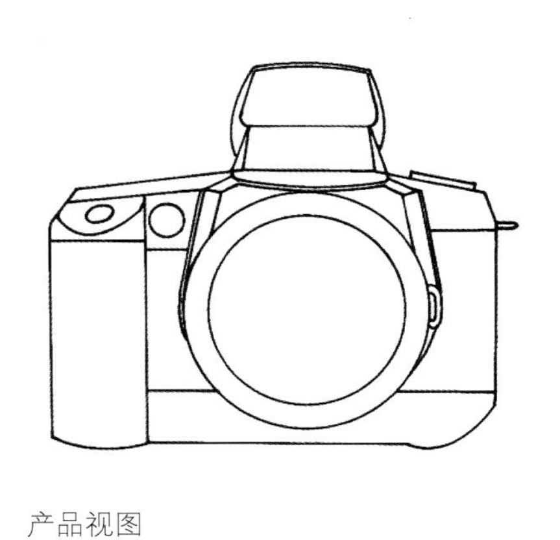

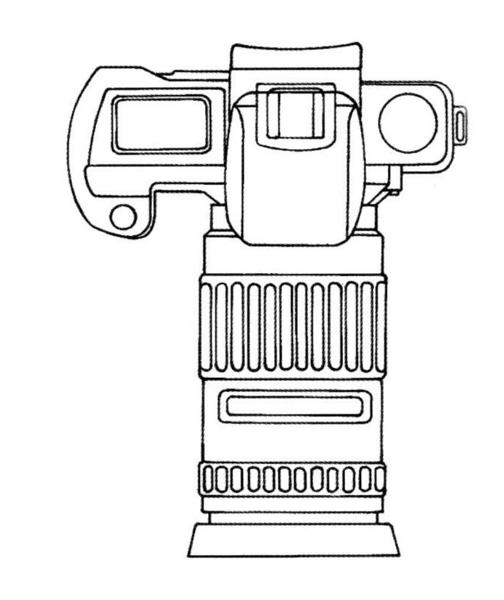

产品视图

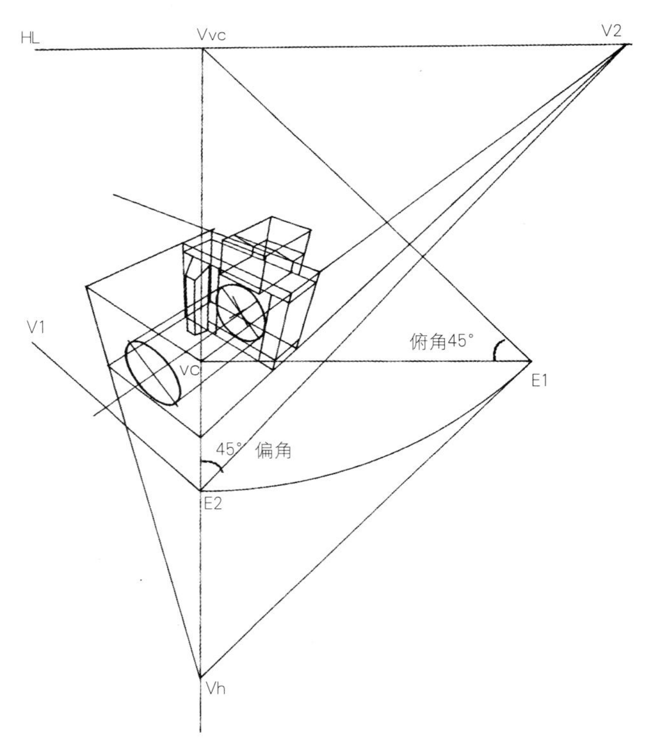

产品透视图建立余角俯视画面，拟定俯角45°。用倾斜透视中变线的画法建立相机的长、宽、高（立面体），起点设在视心VC上，相机的形体结构在立面体中完成。

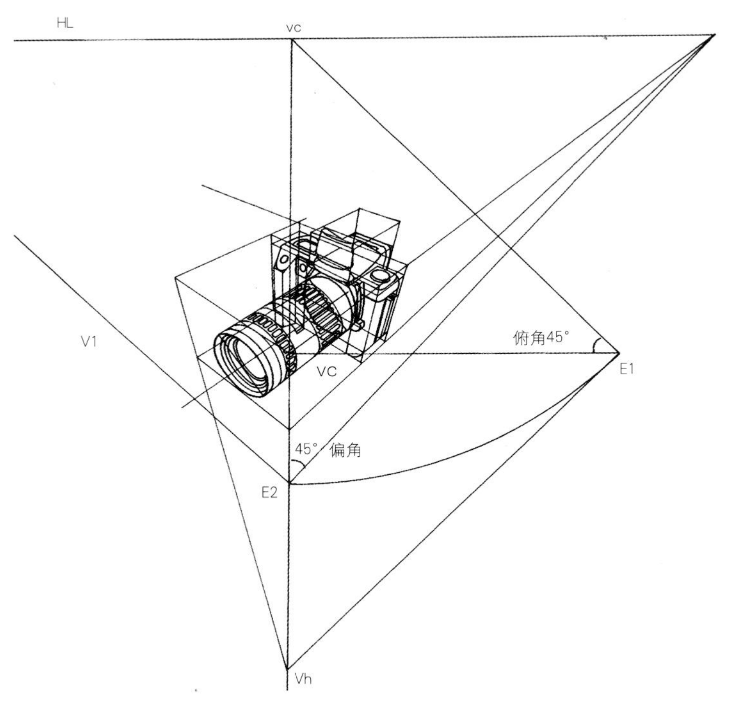

通过照相机的透视分析，抓住形体的主要形态、结构特点进行透视变化，并在其结构面上直接绘制出细部，直至效果图的完成。

第二节 设计素描、结构素描在产品形体训练中的应用

设计素描是以新的视角来看待物象，打破以往传统素描的观察与教学方法，使学生在多样性中寻找自己独特的认识和表达方式，其以线性为主的构造训练课程带有一定的主观意识，有助于学生想象力的训练，它是一个设计创新过程。

设计素描训练的目的主要是掌握三维立体的造型思考能力、形体的组织及运用的能力。培养学生对形体结构的了解、认识、掌握，由表层到深层，从感知、分析、理解到表达，创造性地运用过程和方法。

设计素描是提升学生对设计的基本原理与规律的认知能力的基础，它是提高设计造型能力与正确表达设计意图的重要途径。针对工业设计专业的学习特点，来进行有针对性的能力训练，强调感觉与理解并重，要求掌握深入刻画与高度概括、归纳的表现能力，为产品效果图的学习奠定坚实的造型基础。

设计素描就是以形体结构剖析的形式出现的，它是以比例尺度概念形态组合及过渡规律、三维空间概念、形态的分析与理解等方面为重点。在对形体结构进行剖析时，运用透视原理及物象的比例关系来分析、理解物体的外在与内在的结构特点。在剖析中以理解、把握形体结构的规律为目的，重视剖析形体结构分析理解的过程及理性认识。形体结构剖析素描可以说是认识理解形体结构规律的最为理想的方式。

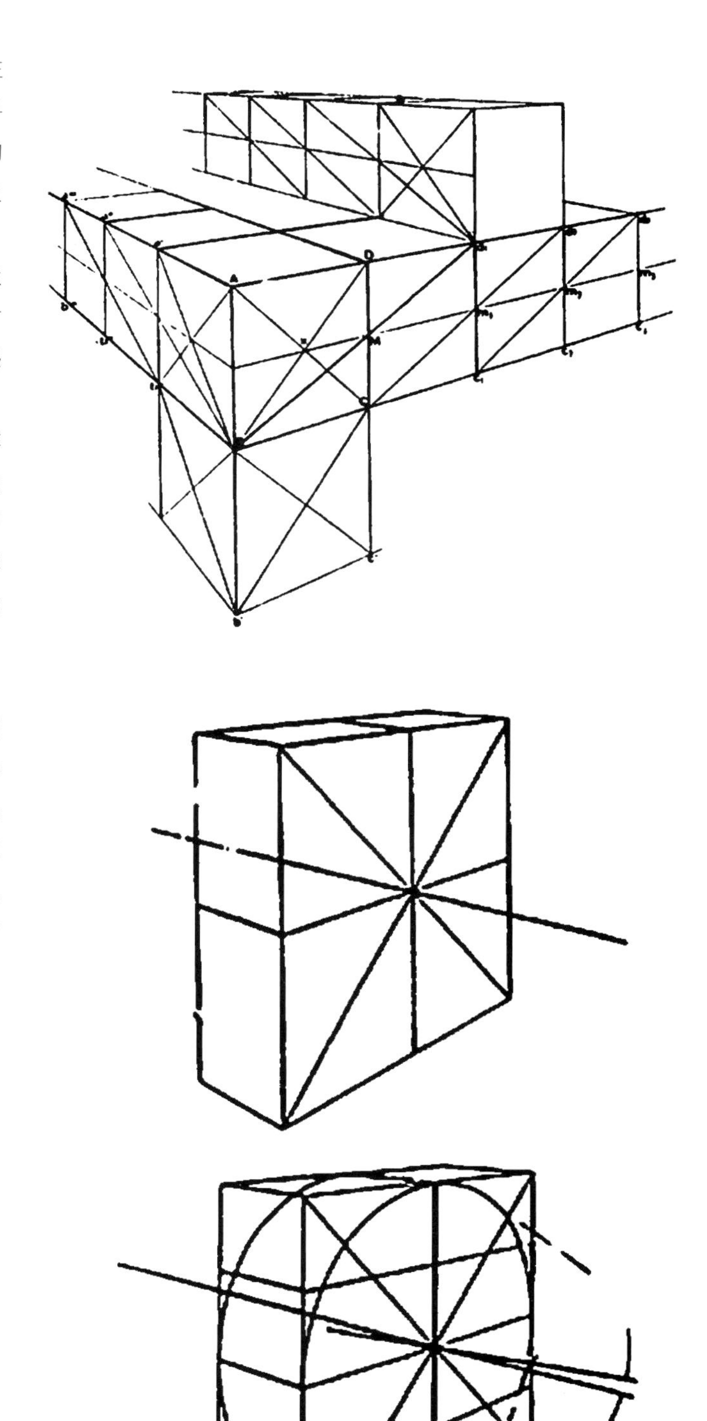

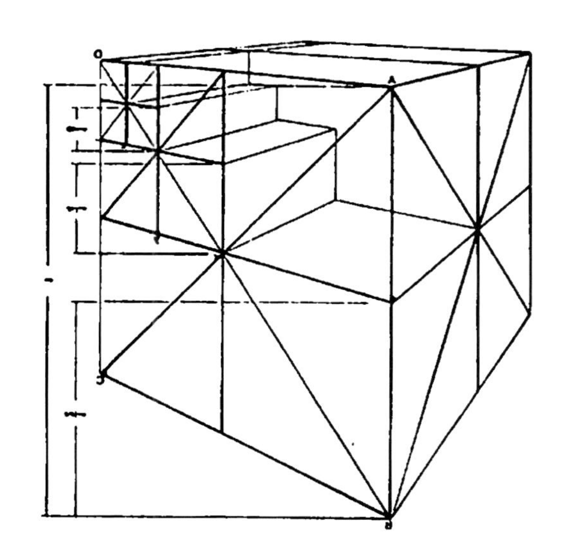

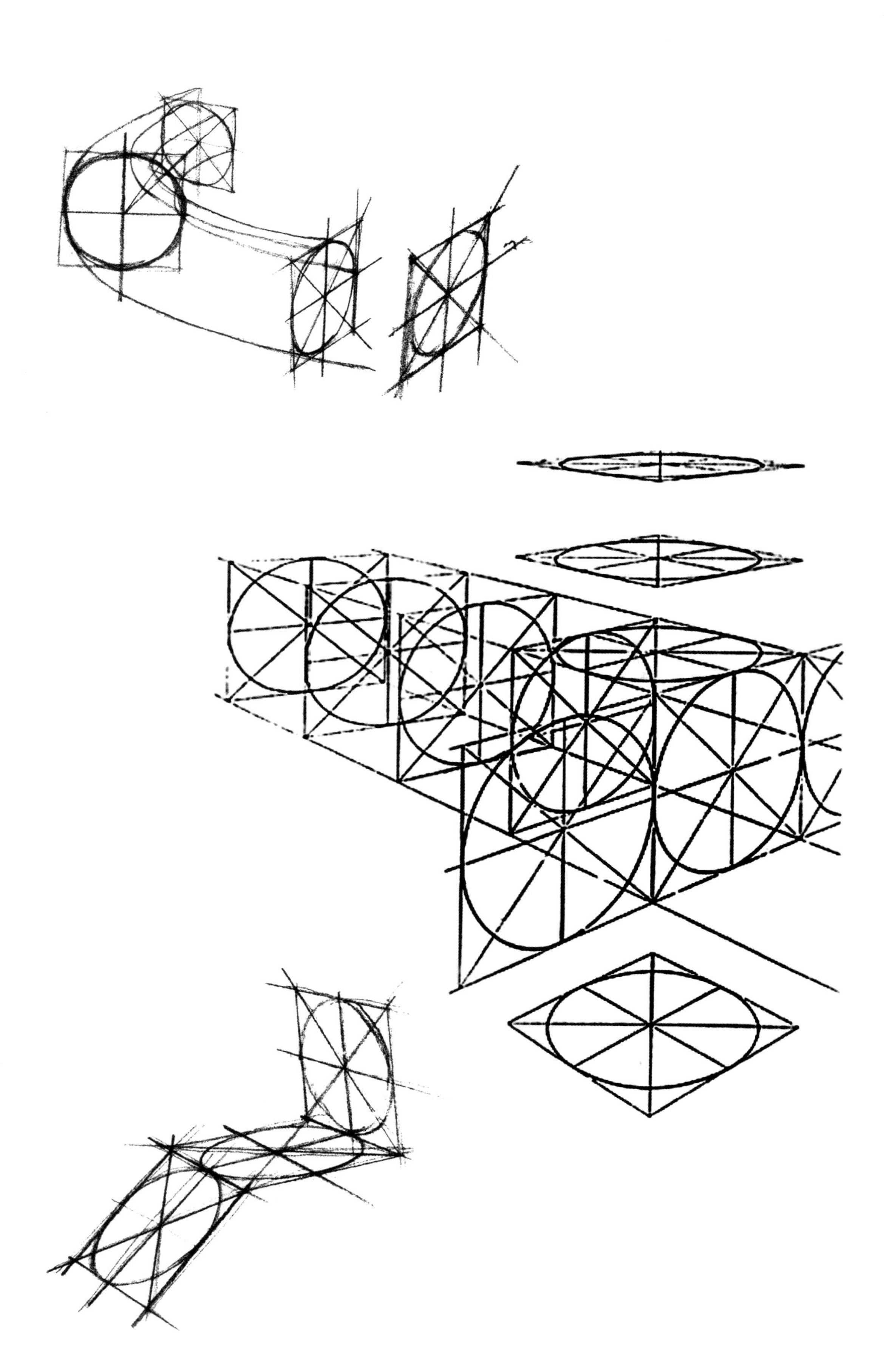

几何形体是对形体认识的最直接的理念体现，是各种形态构成的原理，也是具有造型规律内涵的纯粹体，对几何形体的内部结构进行分析、理解和比较，可以进一步帮助我们理解物体的外部形体特点及其各种形体之间的组合关系，从而发现形体结构的一般规律。我们通过研究几何形体中最为典型的正六面体的透视转变，来准确、规范地完成其他圆柱、圆锥、圆球等形体的转变，这是剖析形体结构素描中最为常用的方式。

根据透视原理确定立方体，利用正方形的交叉线定点，进行其他形体的转变。正方体是形成其他形体的前提，也可以说是剖析前的原始形。利用正方体的准确性、规范性很容易完成其他形体的转变，剖析形体素描中经常利用这种方法。在透视变化中，应该重点说明的是圆的透视是十分复杂的。在练习的过程中应注意圆形本身的曲线变化和长短轴的具体位置。

设计素描作为工业设计的基础表现训练，重点是围绕几何形态为基础进行研究和表现产品形态训练，由于表现的形态非常严谨且具极强的规律性，所以特别需要有适合于表现这种形态的方法。

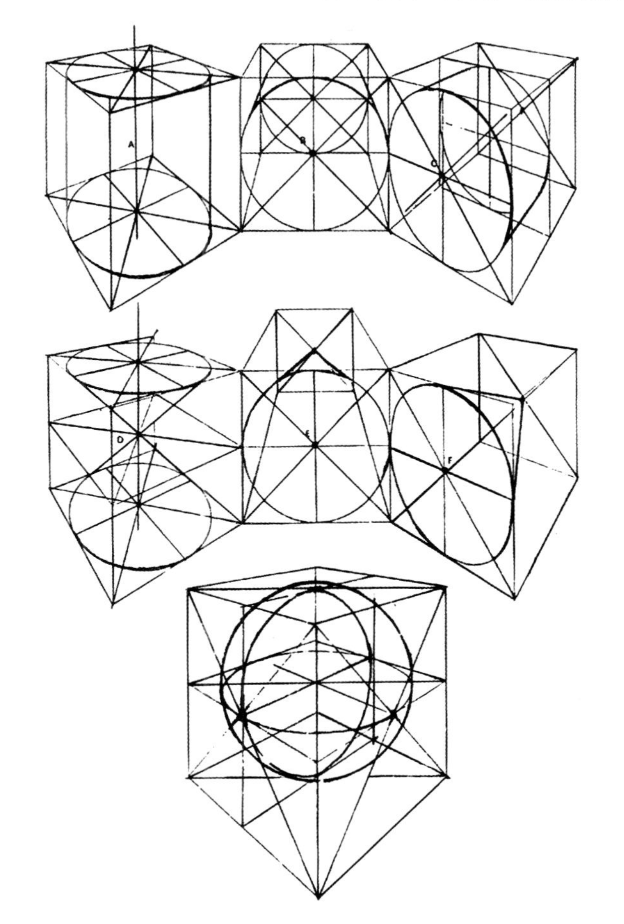

简单形体的组合可以让我们更深入地理解和剖析形体。不同材质的形体有不同的表现方式。我们要以自己的思路来表现形体间的层次关系、位置关系，要灵活地强化形体的主观性表现。对形体局部结构进行分析、理解的同时，还要加强对产品形体结构整体的、全面的、统一的认识。准确严谨是结构素描的要素之一，在画面上要将看不见的主要结构、形体关系都准确地表现出来，真实地再现对象。

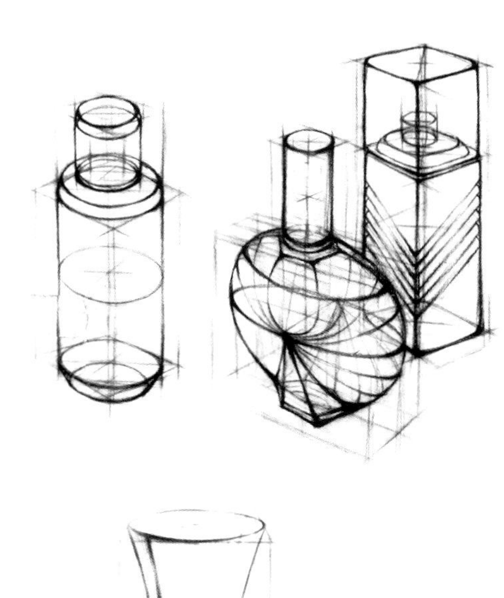

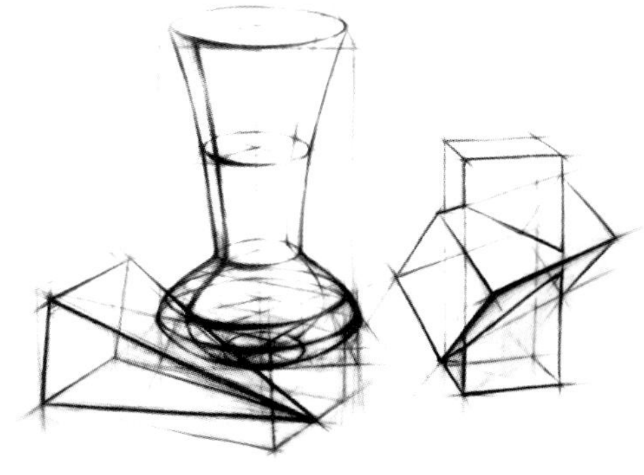

王营伟

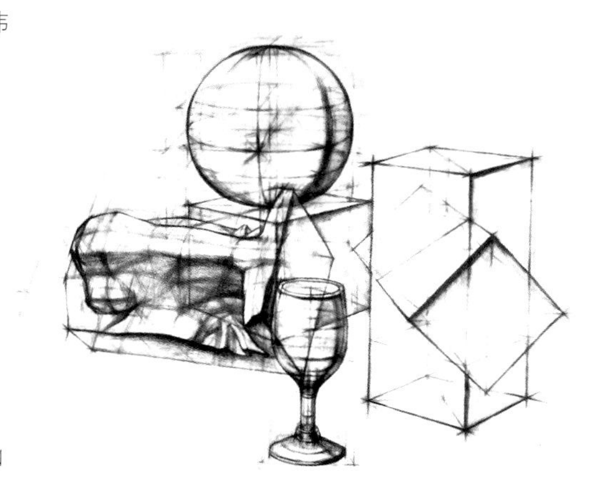

马书山

设计素描以客观对象作为造型、结构和尺寸的表现依据，主观的认识方法来进行表现，并不依赖于对象特定的观察角度；力求将表现作为手段，以反映主观的设计意图为目的，深入具体地介绍表现方法，使学习者比较容易掌握。

"动"是产品的特征语言，其表现方式是人为的创造，怎样把它最直接地展现出来，这就需要敏锐的洞察力。针对特性的物体要善于把握和思考，这是训练中的重要因素。

杨　超

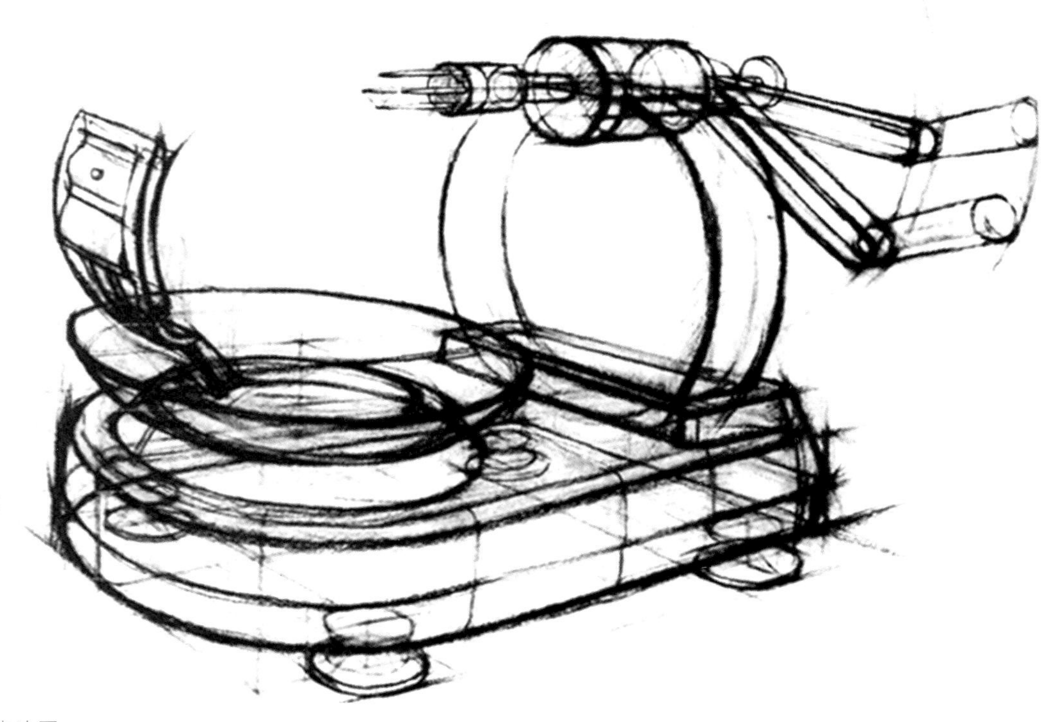

李沈军

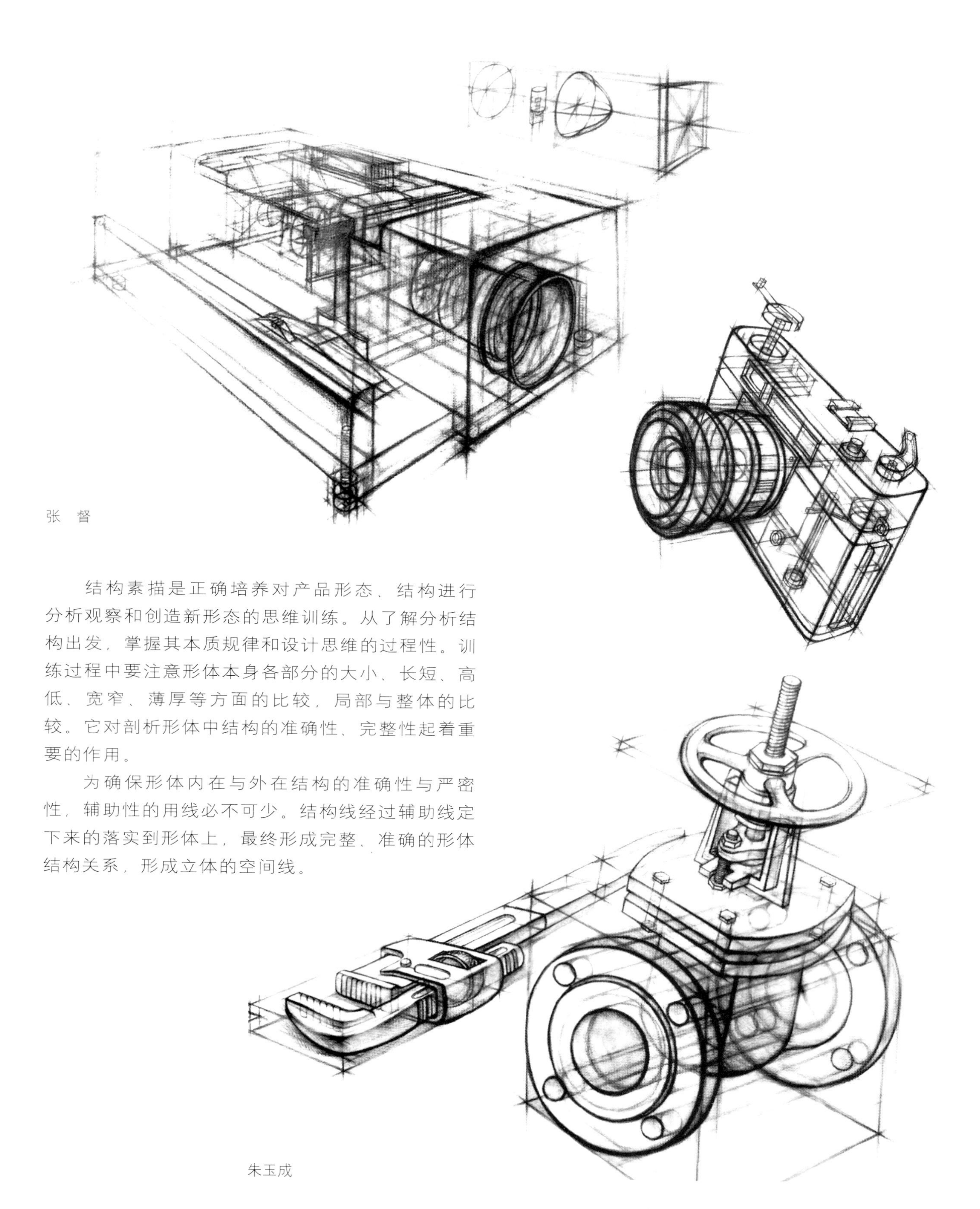

张　督

结构素描是正确培养对产品形态、结构进行分析观察和创造新形态的思维训练。从了解分析结构出发，掌握其本质规律和设计思维的过程性。训练过程中要注意形体本身各部分的大小、长短、高低、宽窄、薄厚等方面的比较，局部与整体的比较。它对剖析形体中结构的准确性、完整性起着重要的作用。

为确保形体内在与外在结构的准确性与严密性，辅助性的用线必不可少。结构线经过辅助线定下来的落实到形体上，最终形成完整、准确的形体结构关系，形成立体的空间线。

朱玉成

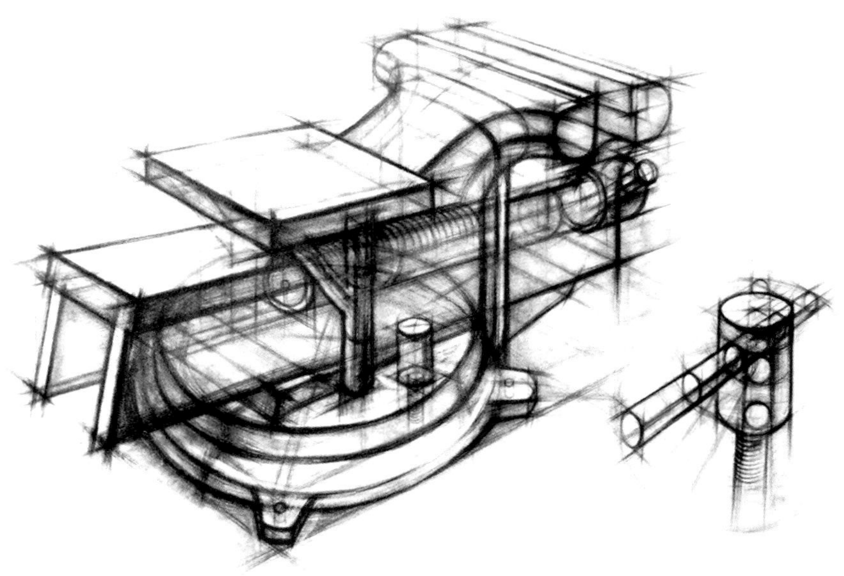

朱玉成

结构素描是通过对物象的剖析，透过现象看到本质，在了解外形与结构关系的同时，变感性为理性。没有认真的观察与分析就无法正确地理解结构，也就无法准确地进行表现。在整个作画过程中领略的东西比结果更为重要。

我们在分清形体的外部与内部结构关系的同时还要了解形体与形体之间的连接及组合的方式。形体之间结合除了单体自身的特点之外，形体的交接线和结构线也是我们要研究的重点。

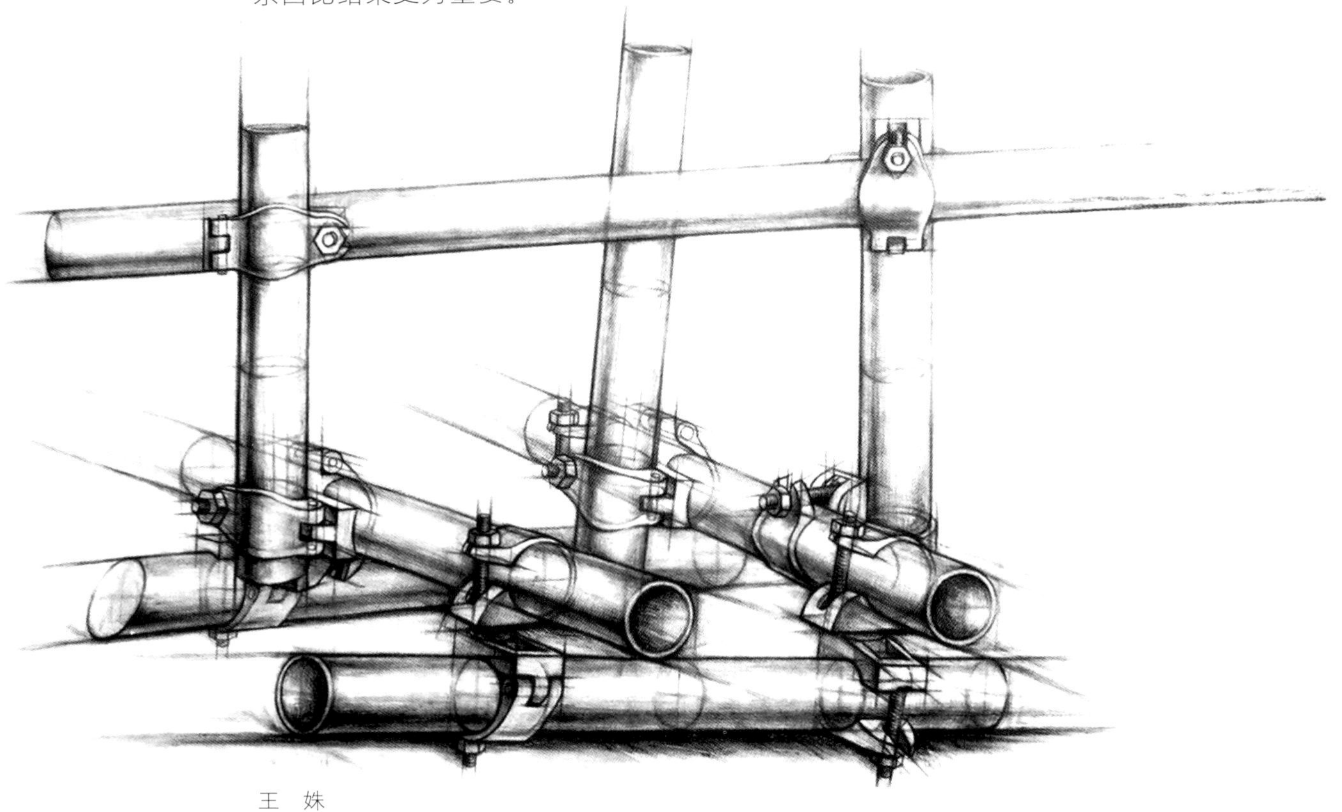

王　姝

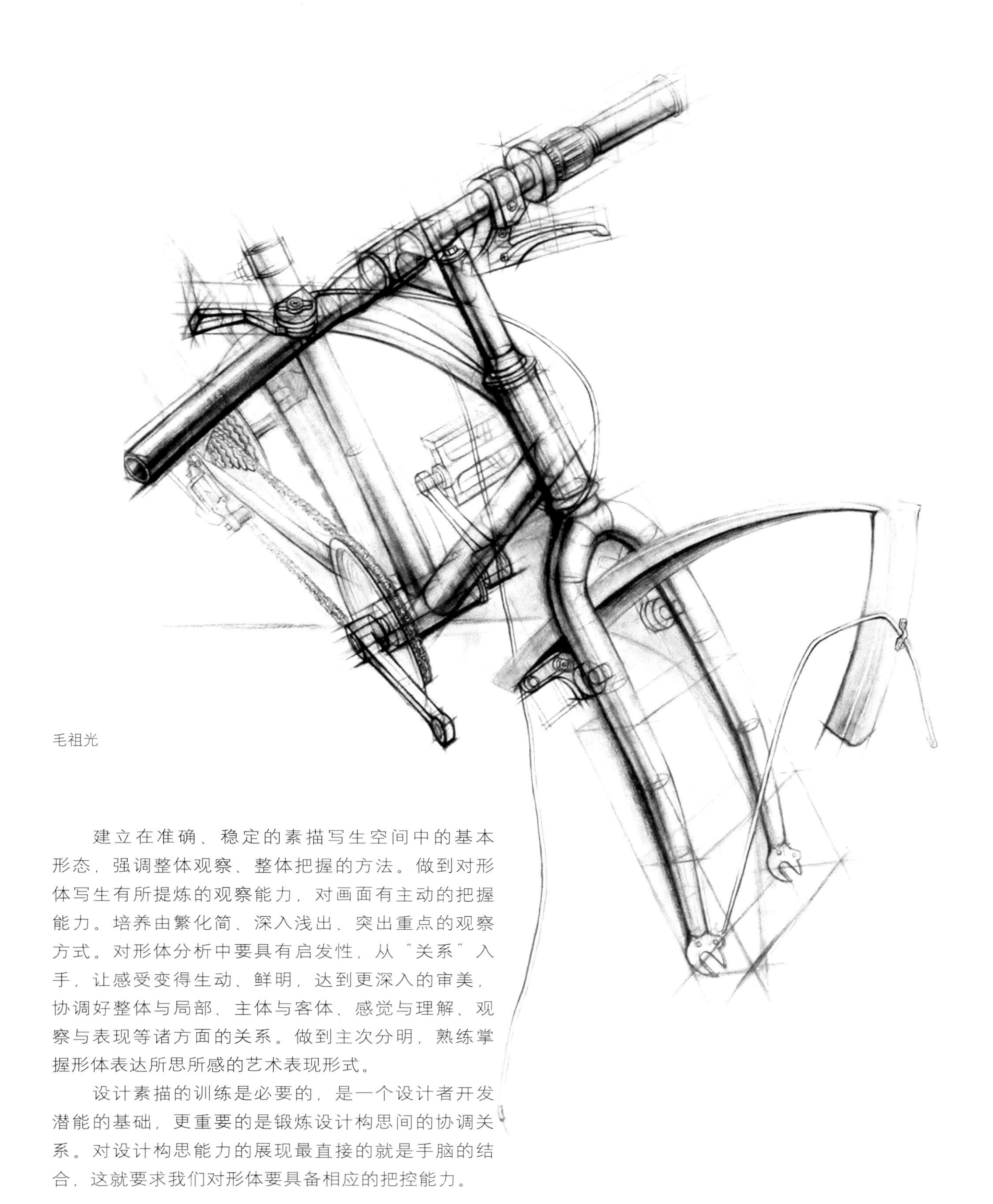

毛祖光

建立在准确、稳定的素描写生空间中的基本形态，强调整体观察、整体把握的方法。做到对形体写生有所提炼的观察能力，对画面有主动的把握能力。培养由繁化简、深入浅出、突出重点的观察方式。对形体分析中要具有启发性，从“关系”入手，让感受变得生动、鲜明，达到更深入的审美，协调好整体与局部、主体与客体、感觉与理解、观察与表现等诸方面的关系。做到主次分明，熟练掌握形体表达所思所感的艺术表现形式。

设计素描的训练是必要的，是一个设计者开发潜能的基础，更重要的是锻炼设计构思间的协调关系。对设计构思能力的展现最直接的就是手脑的结合，这就要求我们对形体要具备相应的把控能力。

对自然形体进行创造性的提炼，在有机层面进行发掘和探索，从而对生命体深层韵律有更全面的理解。不是被动地接受，而是积极地参与。除了训练对自然形体的提炼和创造能力外，还可以凭借丰富的思维想象，进行设想性的思维创造，完成一种具有机械感的、现代的视觉新形象，并具有一定的设计意味及实现性。

设计来源于自然启迪，从自然中吸取创造灵感，是我们寻找的依据。它是一种比结构素描研究形体更高、更富于创造性的一种新形式，而不是对其简单的再现和仿生。通过对自然形态进行思维性、意识性的概括提纯，而使自然形态产生有机的变异。这项训练为手绘效果图的表现和创意性的发挥提供了探讨的前沿。

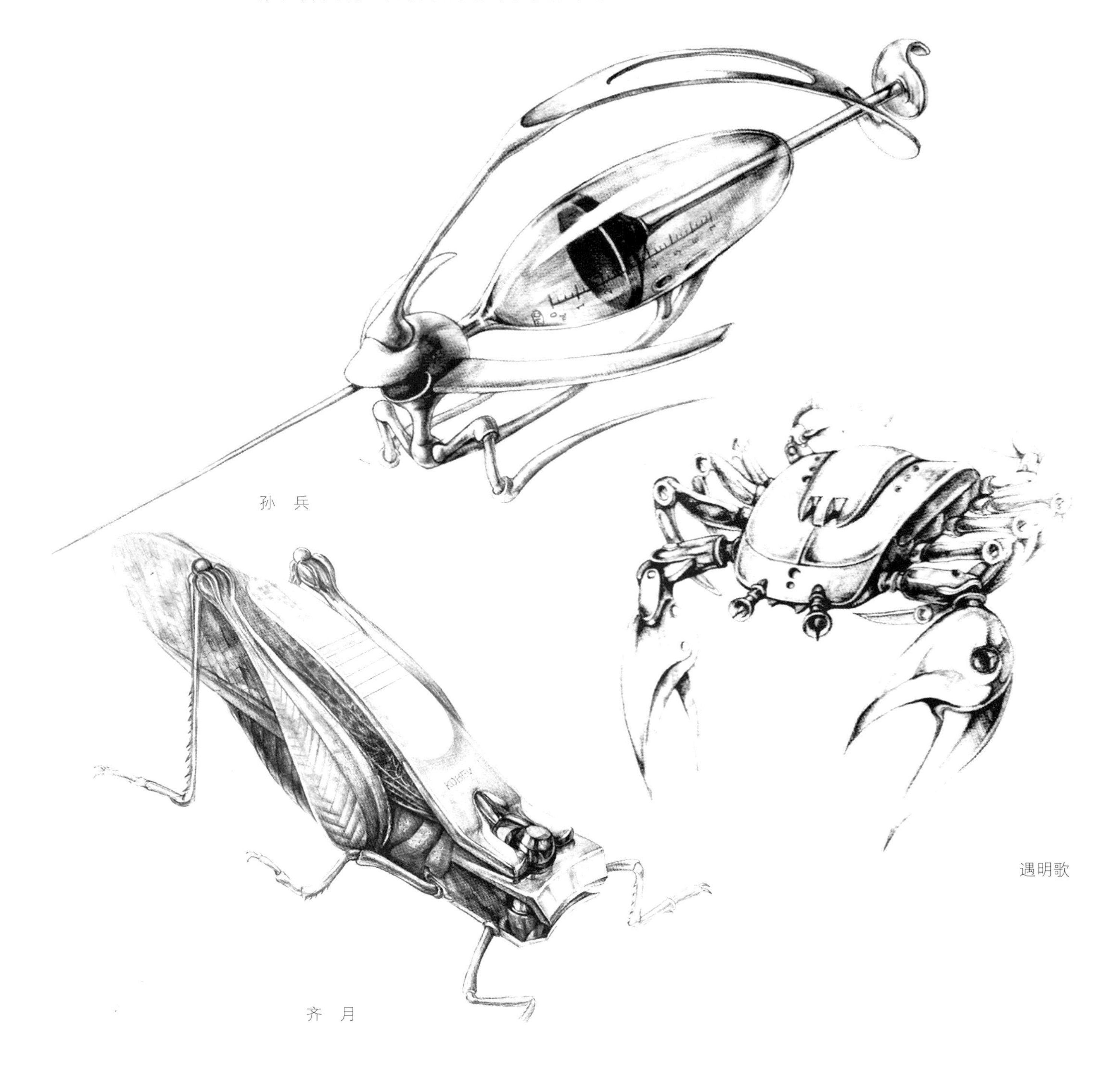

孙　兵

遇明歌

齐　月

——第二章——

产品手绘效果图快速表现形式

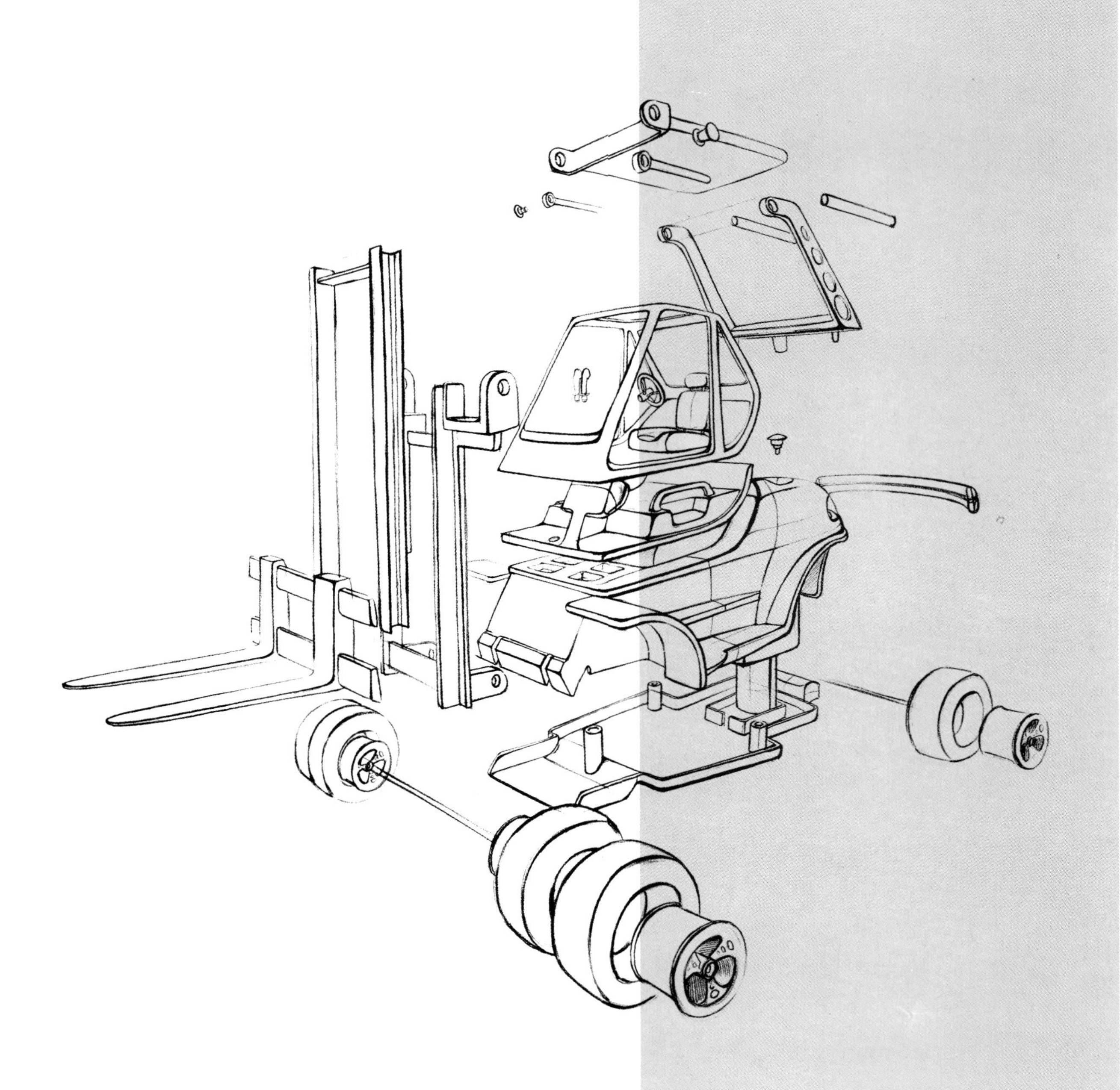

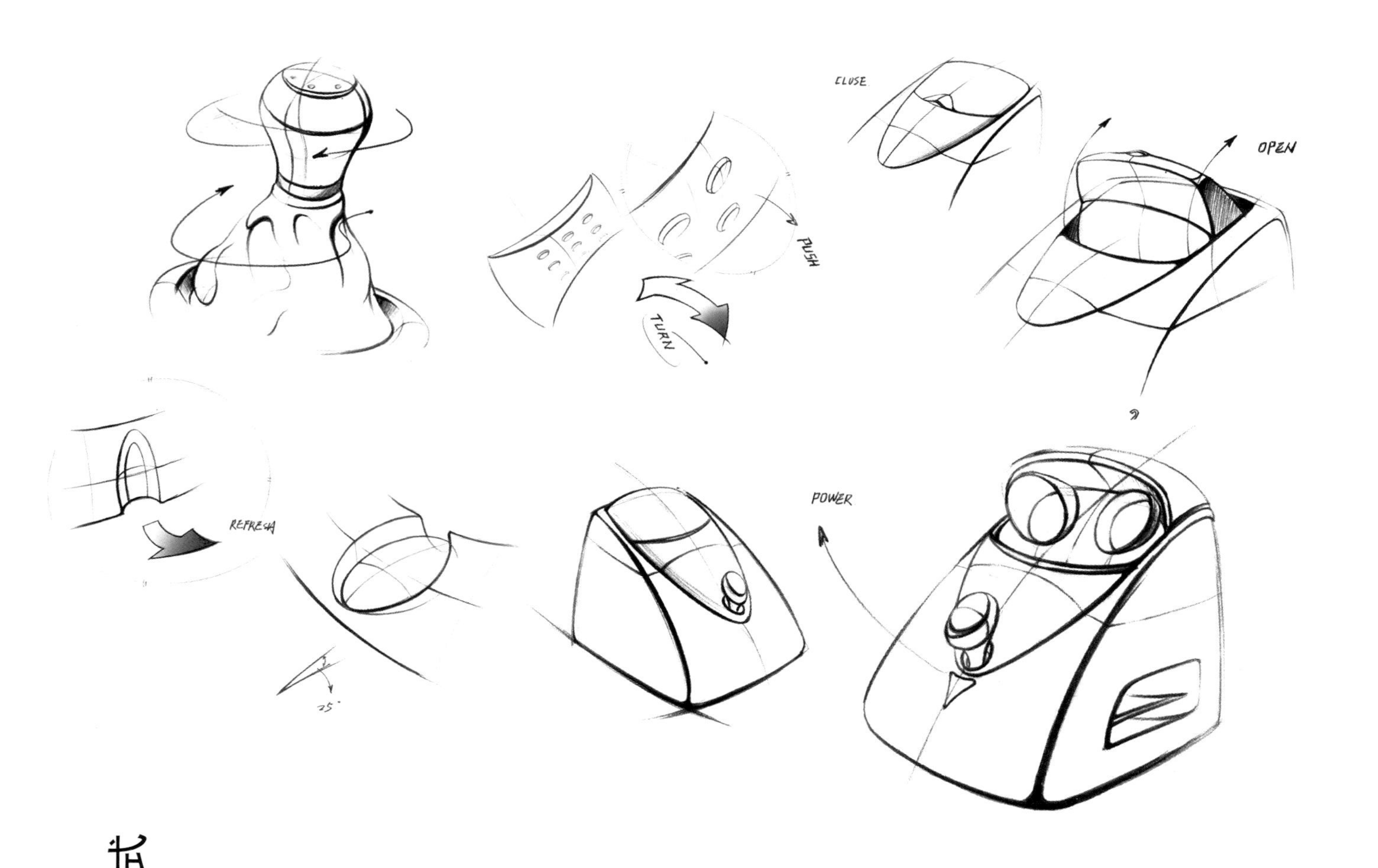

第二章 产品手绘效果图快速表现形式

手绘效果图的表现作为工业设计专业的基础训练课程占有重要的位置。训练目的是提升学习者具备设计与表现的综合素质，要有敏捷的思维能力，眼与手的协调能力，快速的表达能力，丰富的立体想象能力。它是设计者了解社会、记录生活、再现设计方案所必须的技能。一个好的设计构想如果不能快速地被表达出来，就会直接影响设计方案的交流与评价，甚至不被引起重视而放弃。因此效果图的表现对设计者来说又是交换信息、表达构想、优化方案的重要手段。只有具备扎实的绘画基本功，才能得心应手地进行产品效果图的表现。本部分通过效果图表现的单线形式、线面结合形式和淡彩形式为学习者搭建了效果图表现的训练平台。

第一节 单线形式

设计速写中运用最广泛的形式之一就是单线形式，线是构成设计速写的最基本单元，相对线的要求就比较高，线条的好坏与否直接影响到整体效果的表达，肯定的下笔，干净、利落、流畅的线条可以使画面具有较强的生命力。在绘制的过程中，通过线条表现产品的基本特征，如形体的轮廓、转折、虚实、比例等，这些都要通过控制线条的粗细、浓淡、疏密等达到需要表现的效果。所以灵活地运用线条来营造画面显得尤为重要。工具多用铅笔、钢笔、针管笔等。

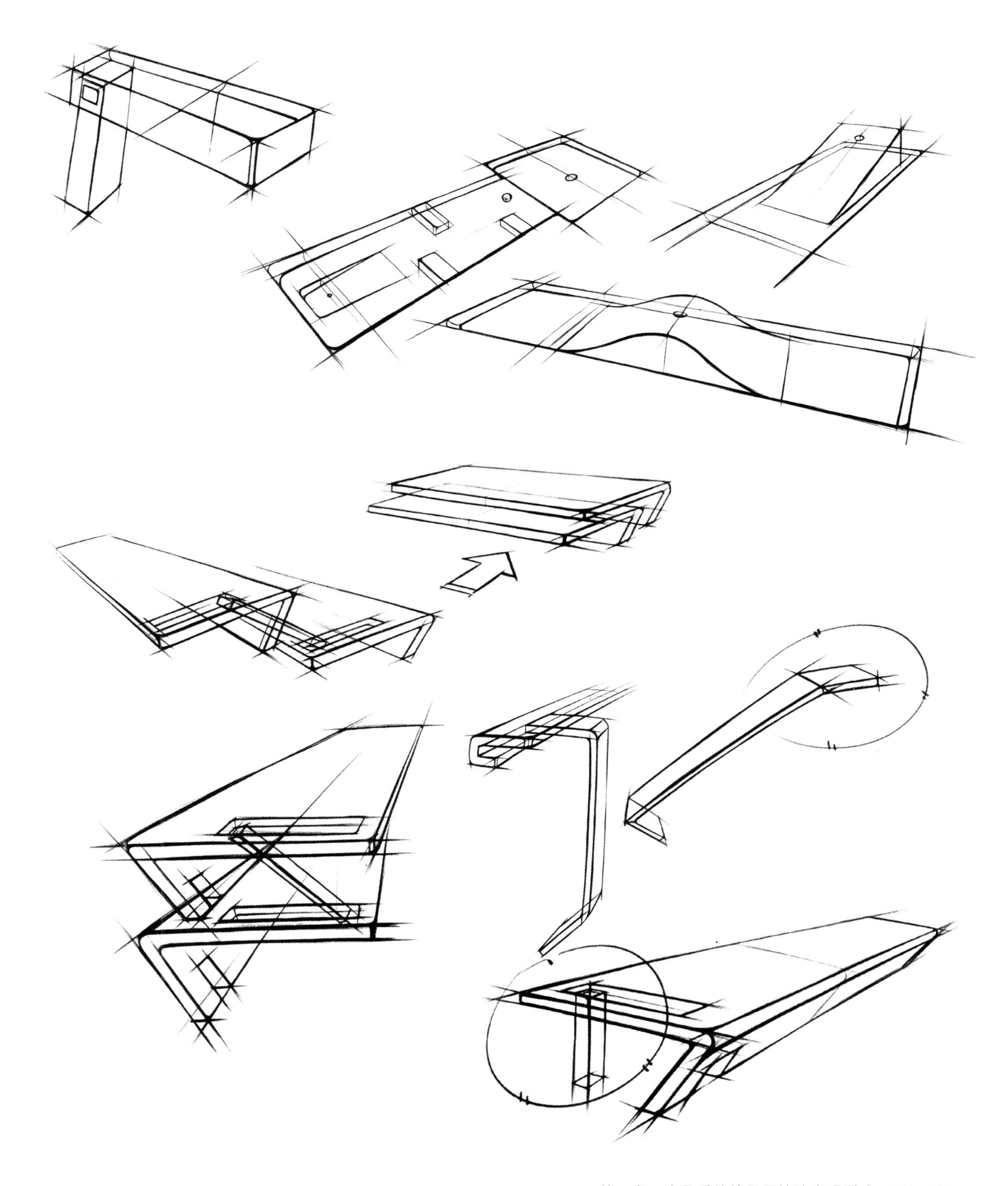

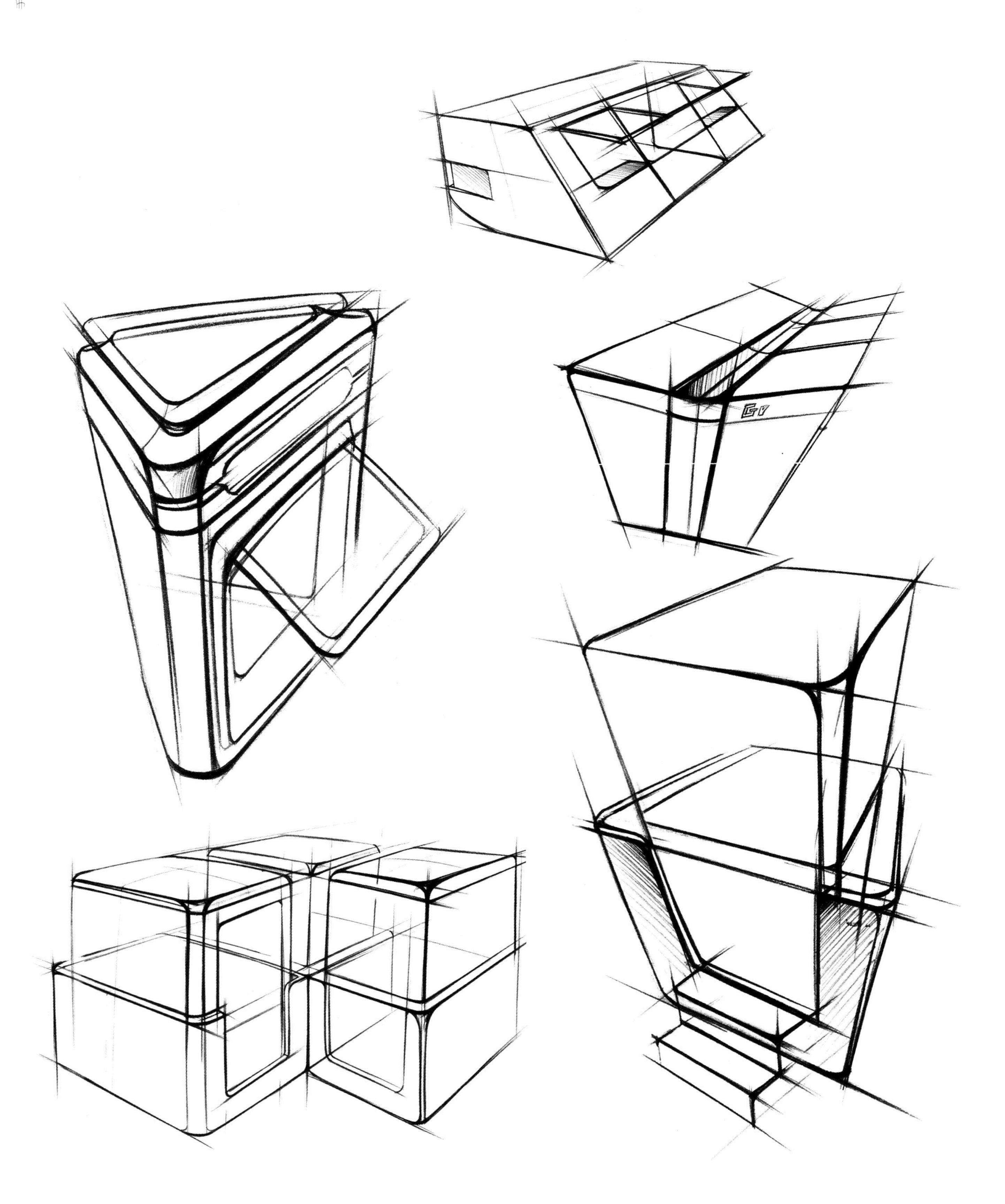
GY

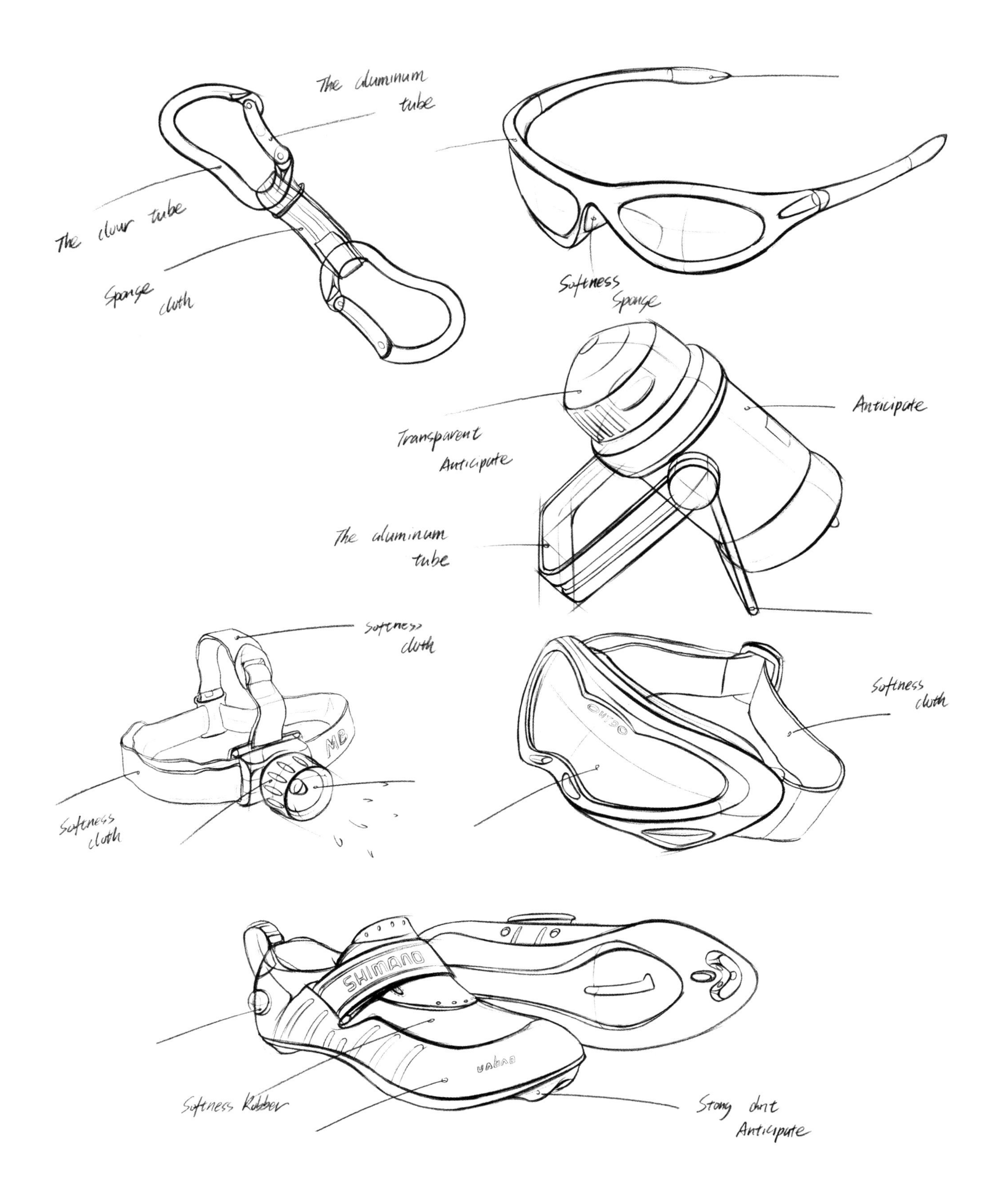
The aluminum tube
The clour tube
Sponge cloth
Softness Sponge
Anticipate
Transparent Anticipate
The aluminum tube
Softness cloth
MB
Softness cloth
Softness cloth
SHIMANO
Softness Rubber
Stong dint Anticipate

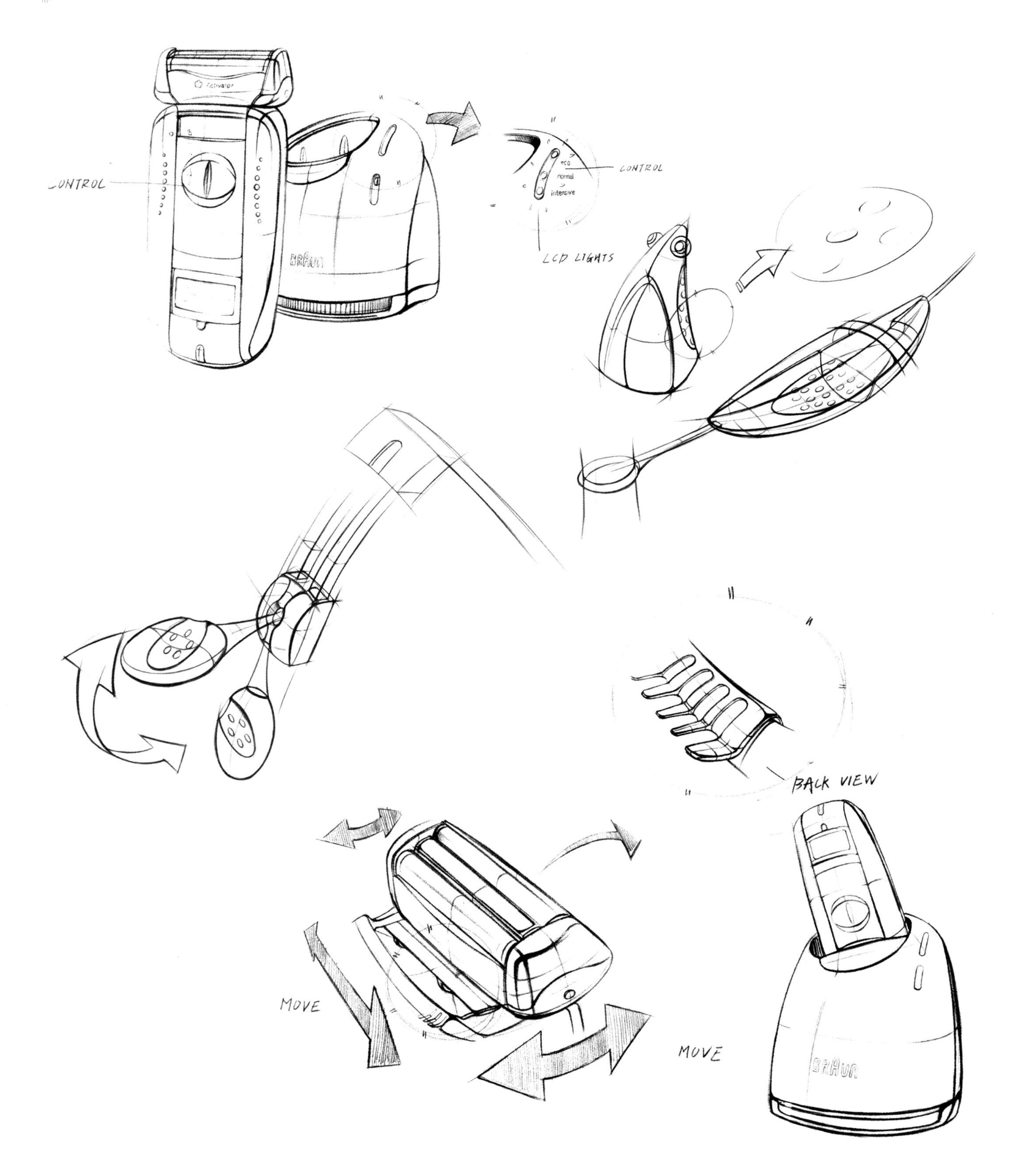
Activator
CONTROL
BRAUN
CONTROL
eco
normal
intensive
LCD LIGHTS
BACK VIEW
MOVE
MOVE
BRAUN

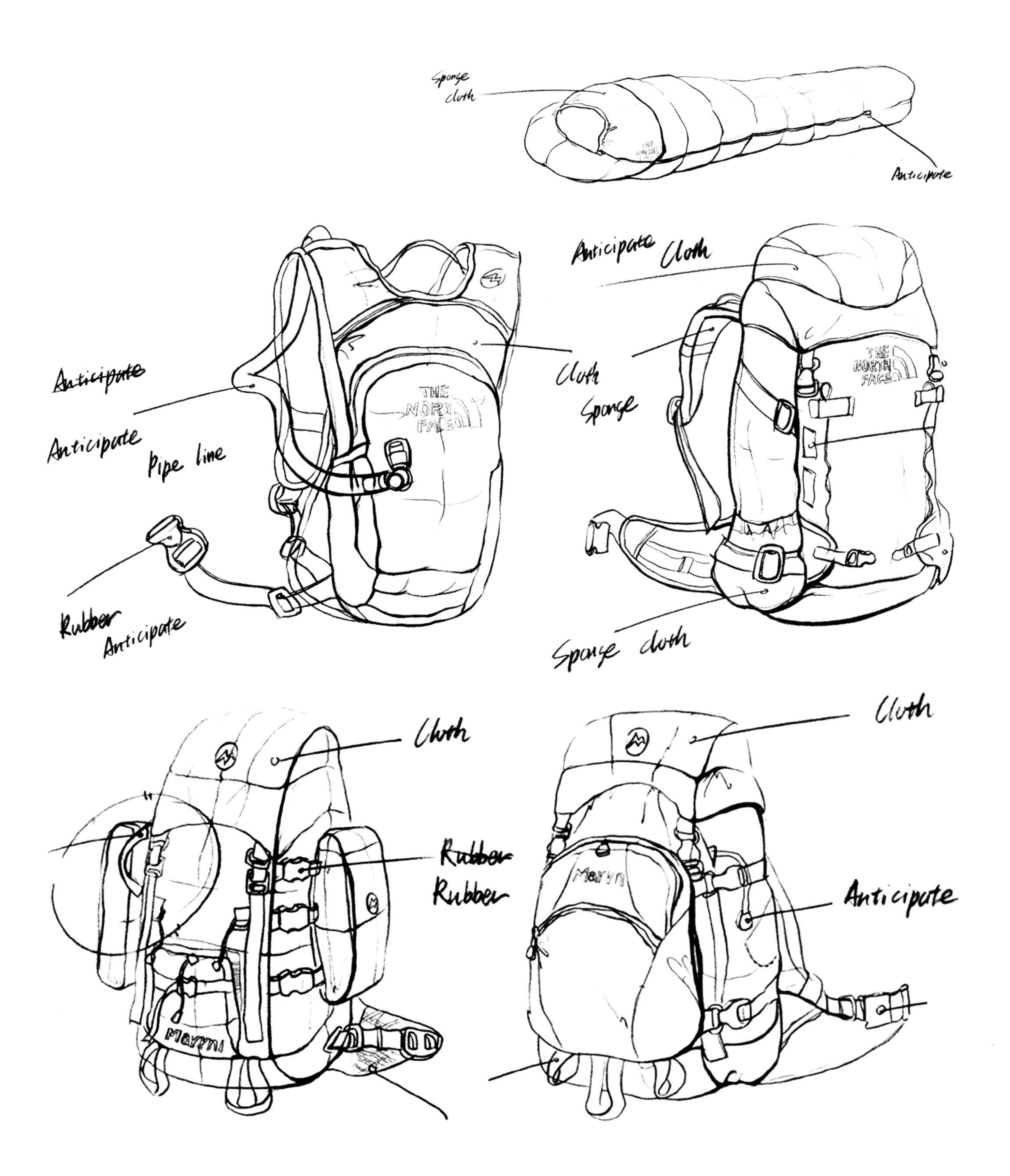
Sponge
cloth
Anticipate
Anticipate
Cloth
Anticipate
Cloth
Anticipate
Pipe line
Cloth
Sponge
Rubber
Anticipate
Sponge cloth
Cloth
Cloth
Rubber
Rubber
Anticipate

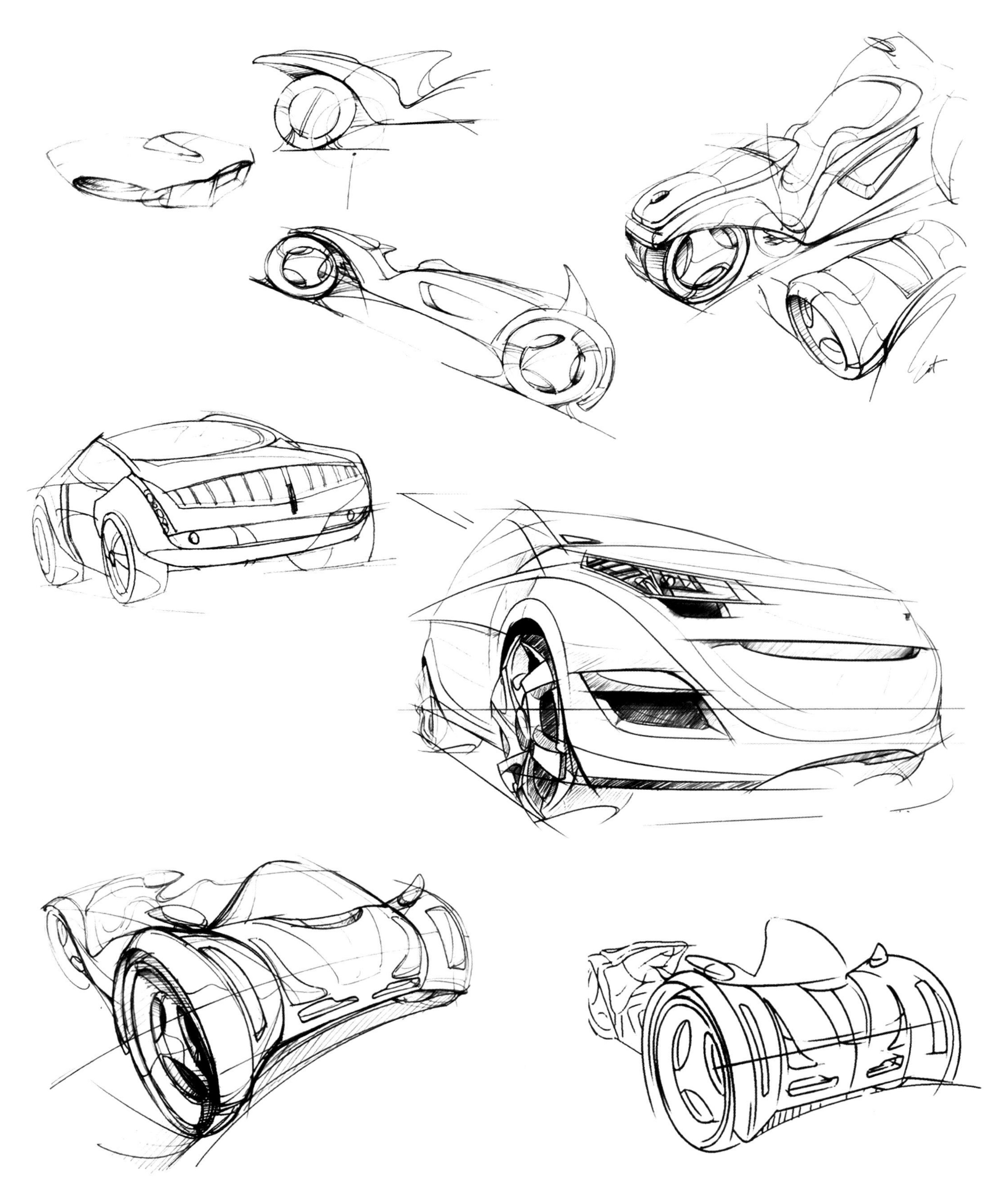

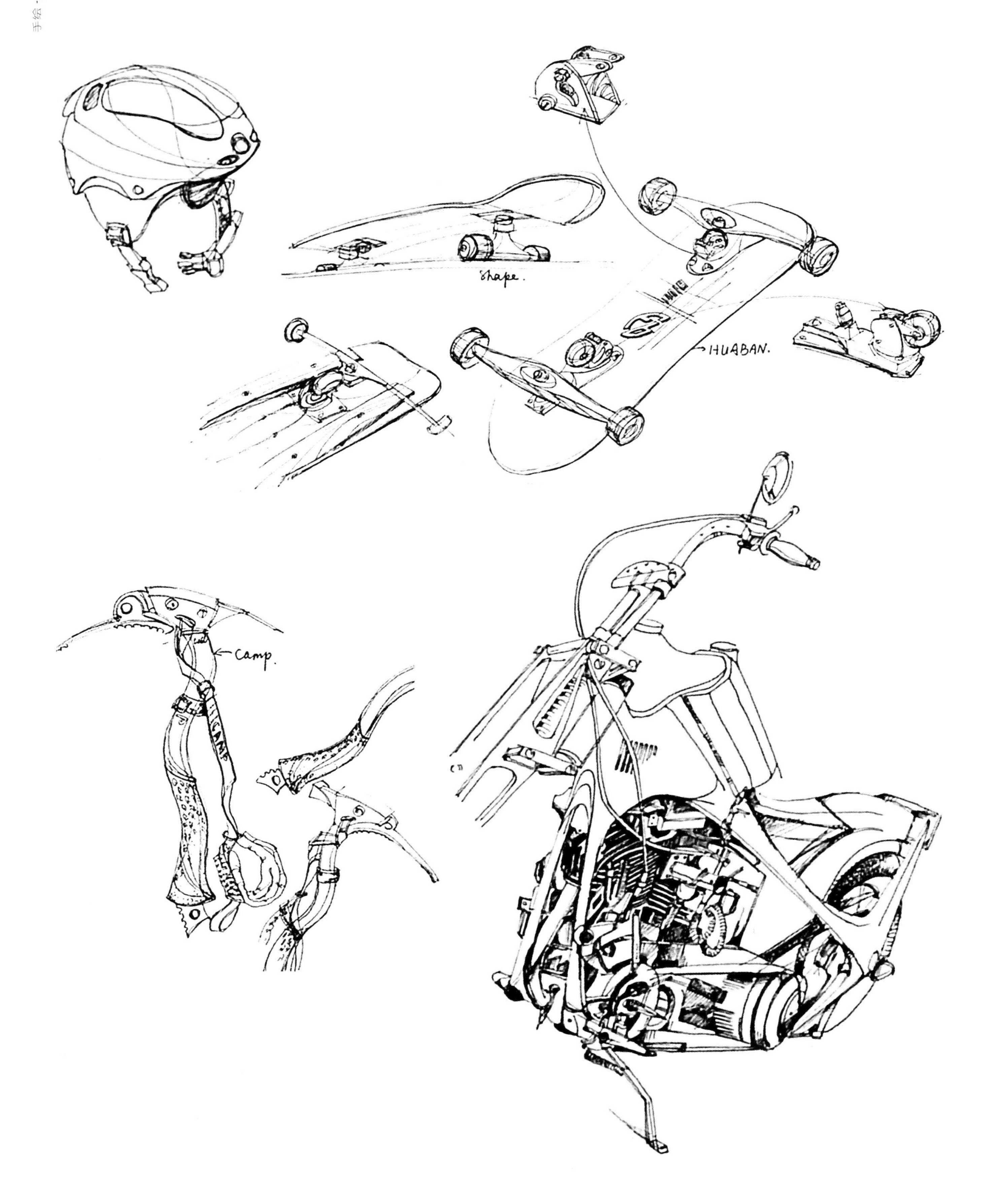
Shape.
HUABAN.
Camp.
CAMP

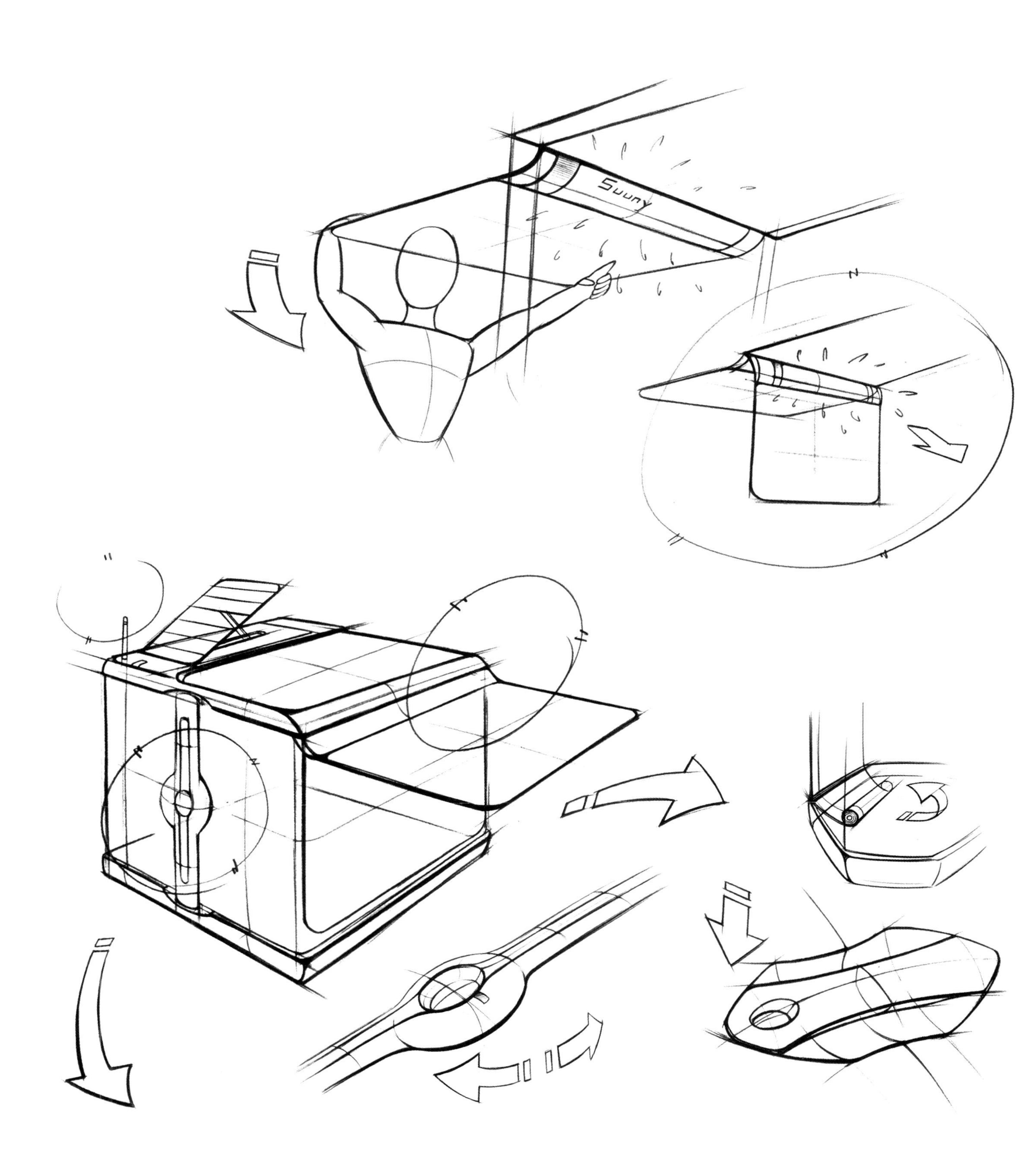
Suuny

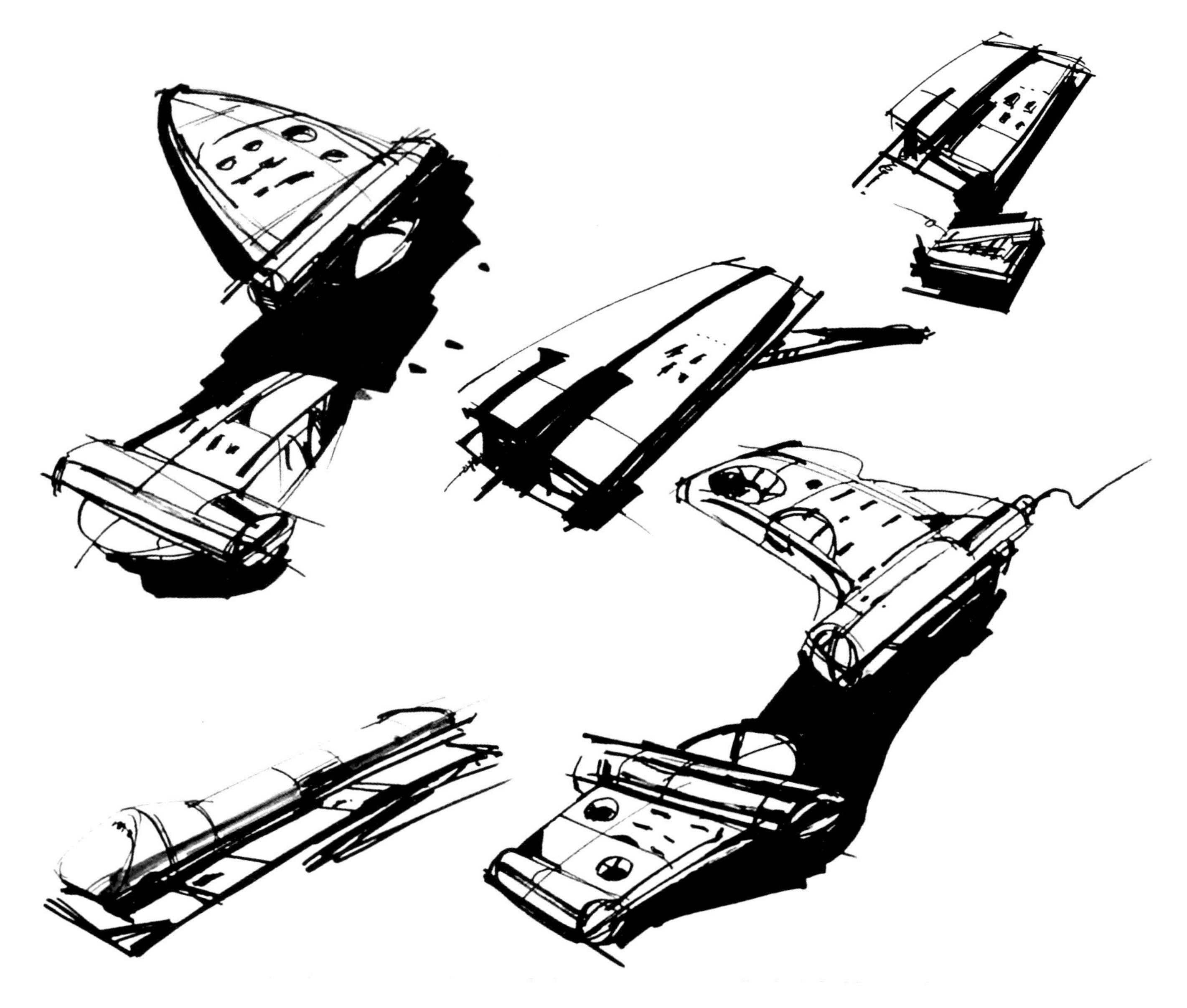

第二节　线面结合形式

线面结合的画法应用得也比较广泛，在用线上与单线形式基本相同，只是增加了线的宽度变化及明暗关系面来强调效果。这种画法表现时要充分考虑物体的关系性，通常用面来表现的部分主要体现在形体转折、暗部、阴影等部位。在颜色处理上主要以同色系的为主，也可适当加以灰色系的颜色配合，同时画面上归纳的面不要占太大比重，要着重处理好画面内的黑白、疏密关系，面的走向要随着线，使之具有透气性，松紧适度，否则会导致画面过于沉重，另外，过多的归纳面会给人以“碎”的感觉。线面结合通过对形体结构关系的归纳，除了能保留单线表现的效果外，又能凸显出主体，表现出物体的空间感和层次感，具有较强的艺术韵味，使画面效果更生动强烈、富于变化。

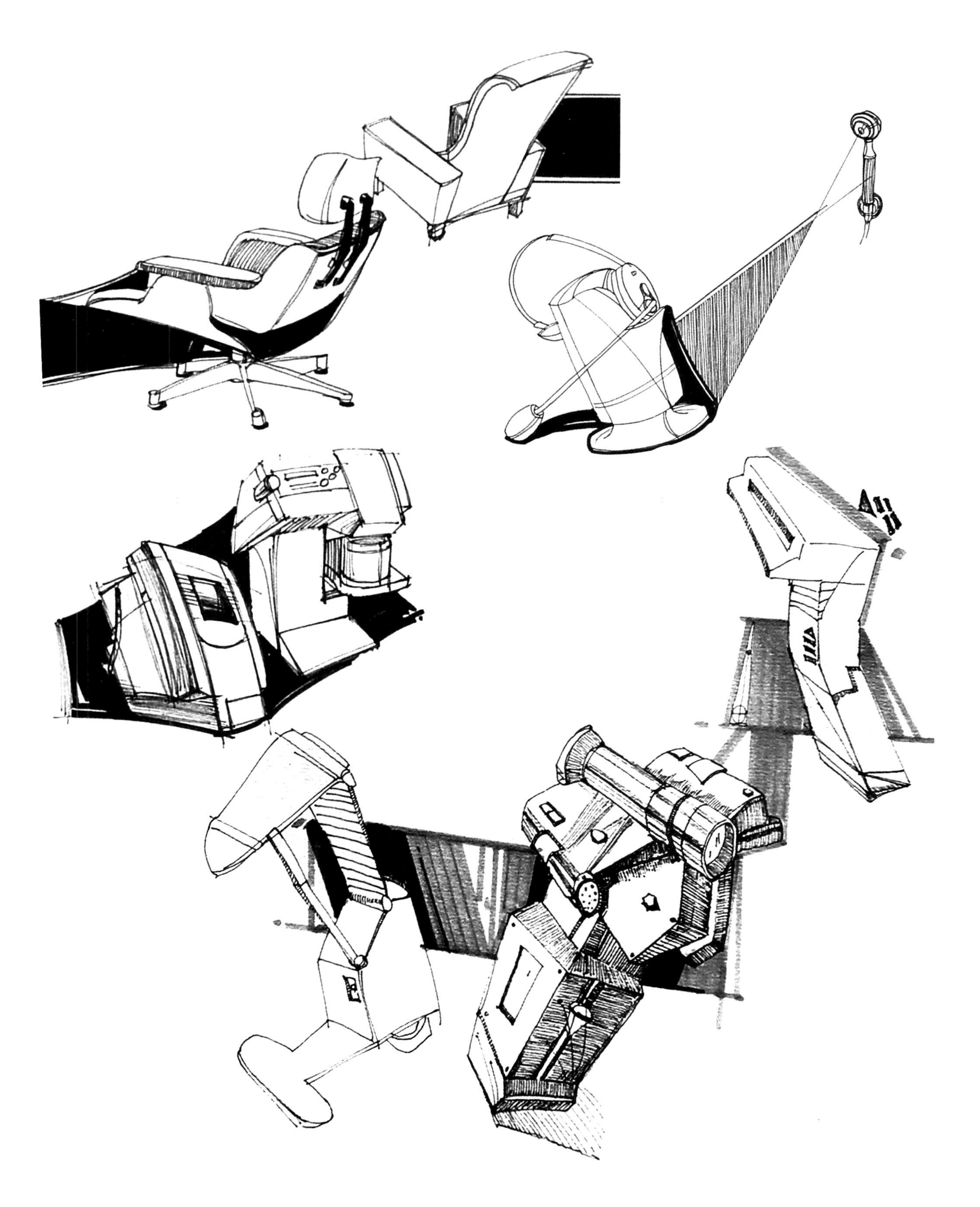

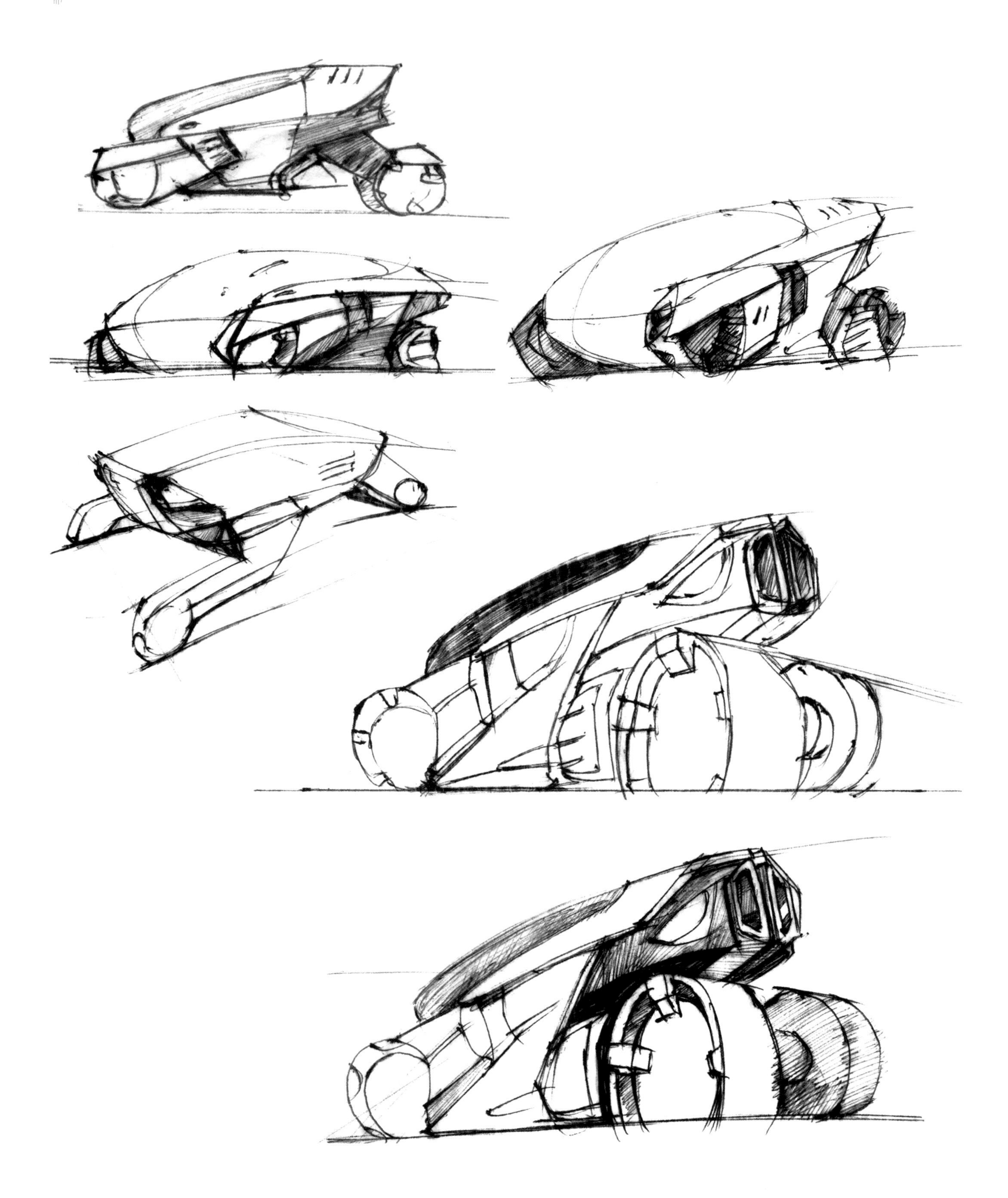

线面结合的方法其优势在于用笔可快可慢，具有一定的可调节性，比较易于修改，并有助于下一步的快速上色。

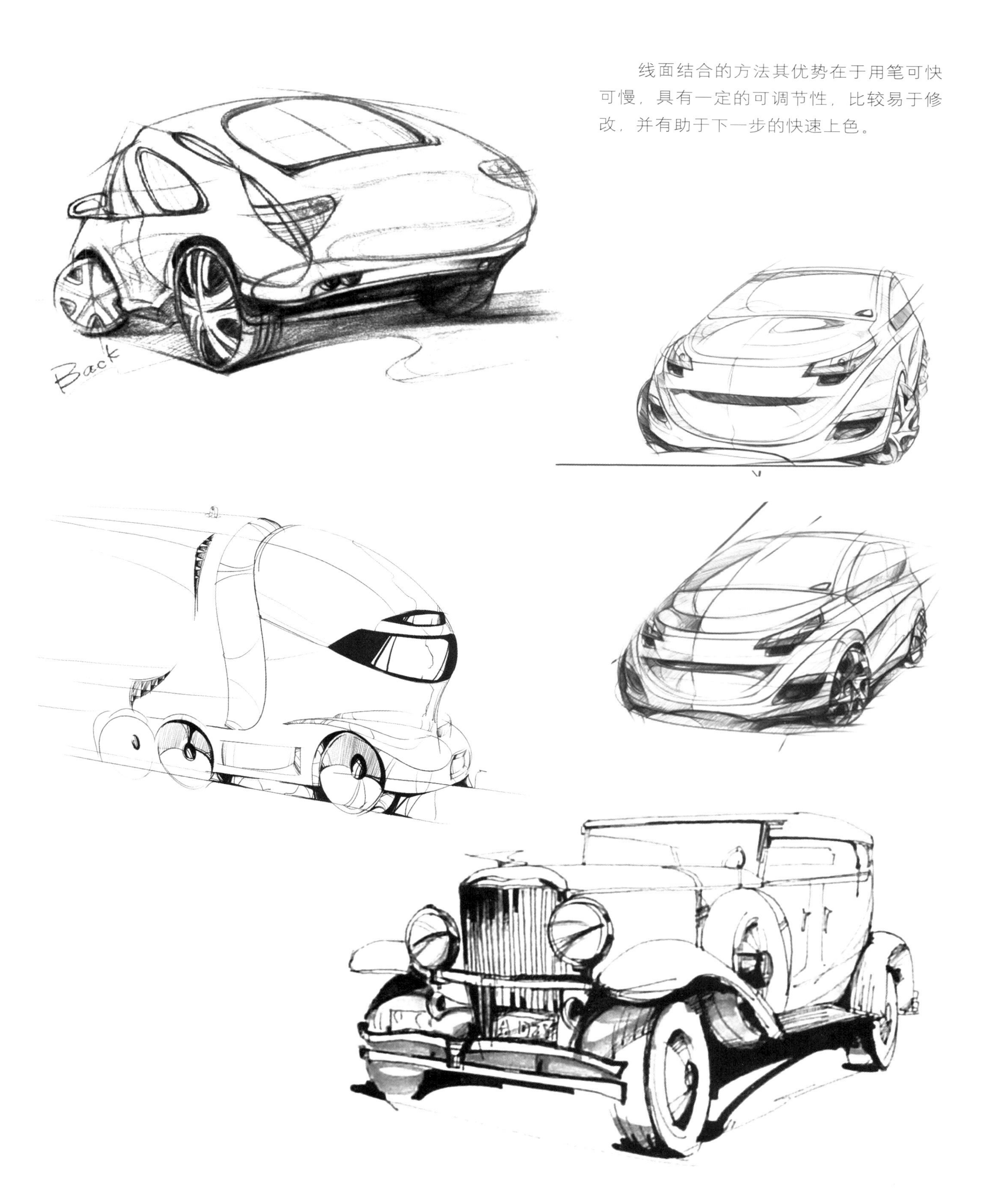

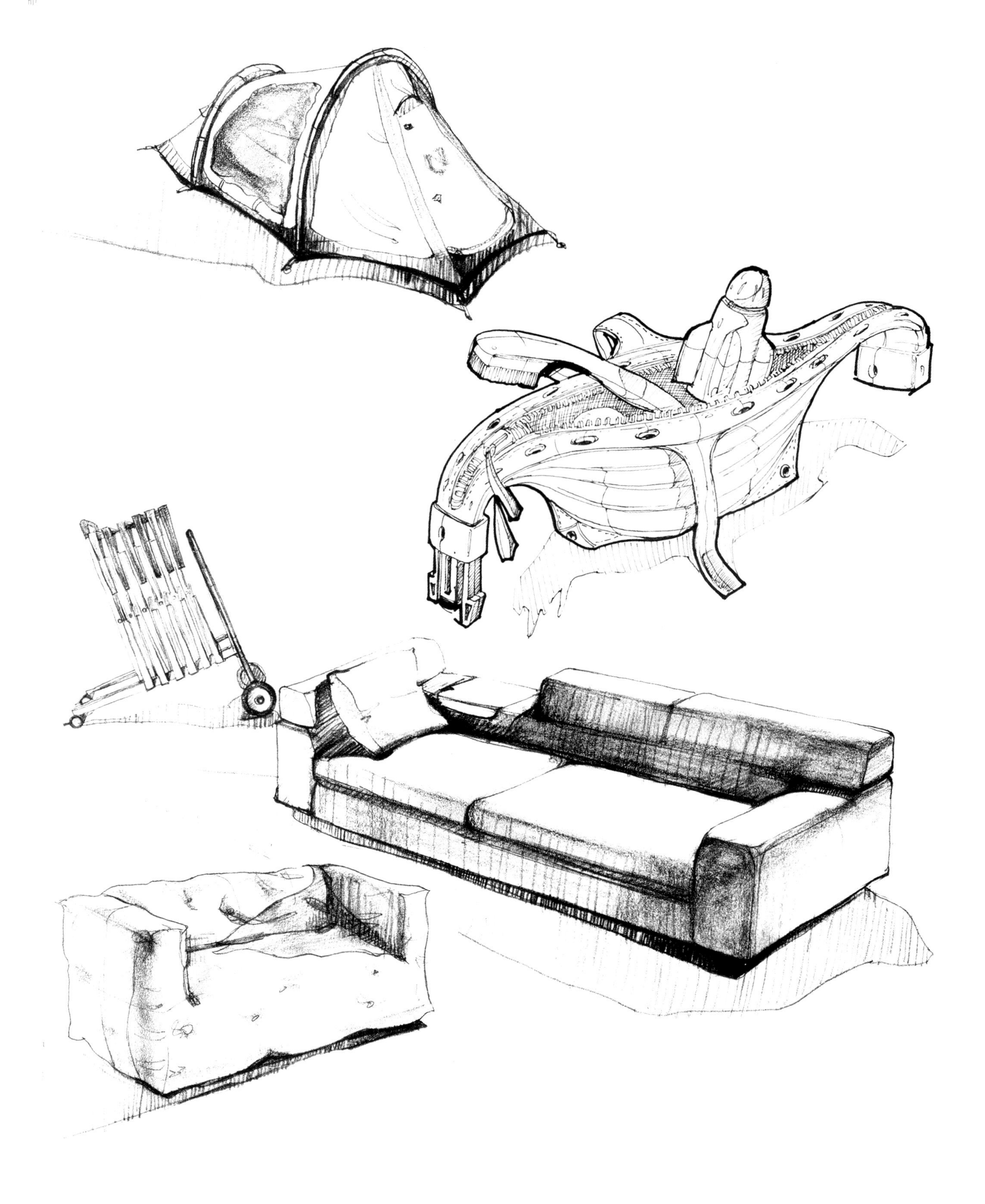

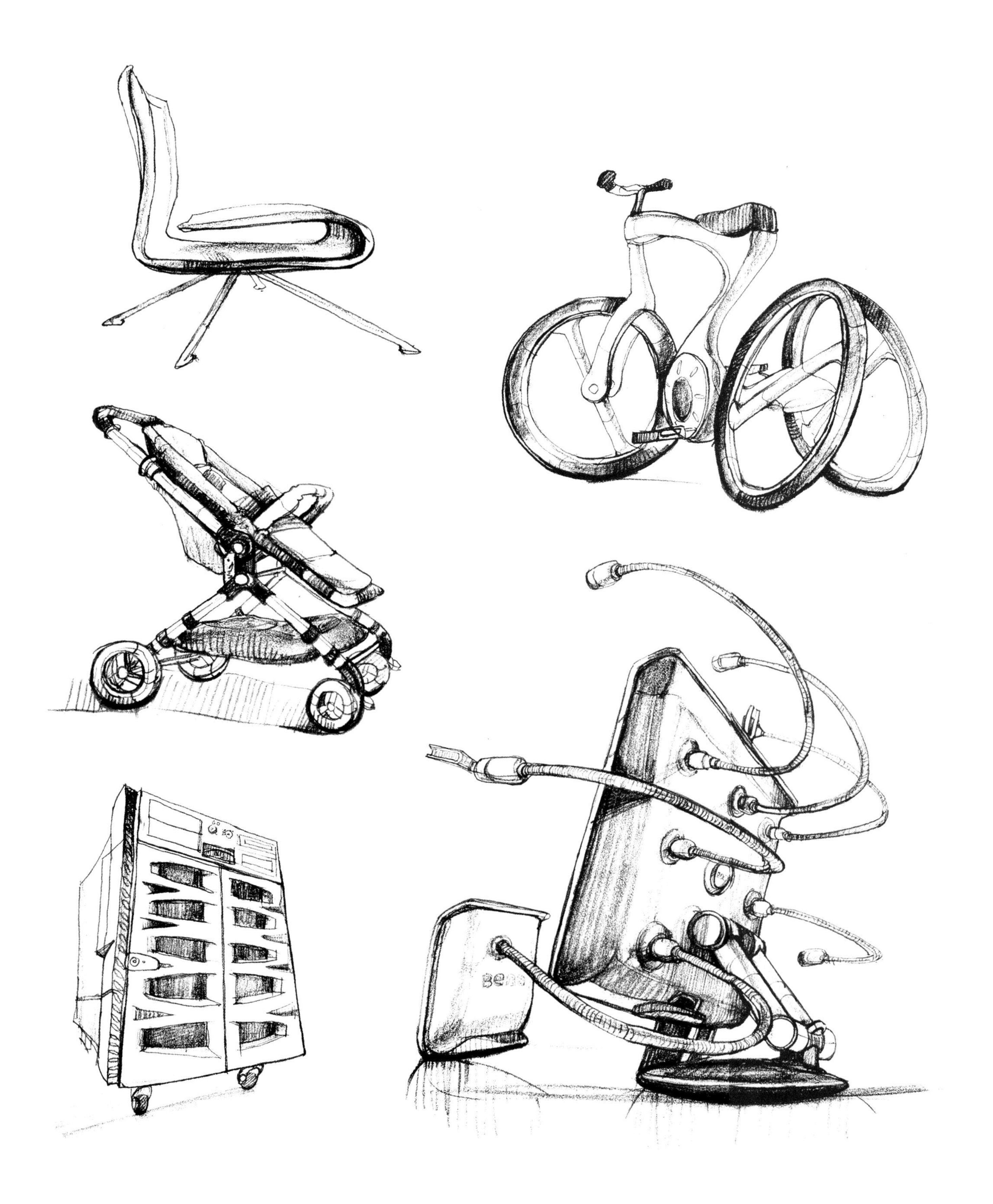

第三节　淡彩形式

淡彩形式是效果构思表达中最直接的方式。它以明快而流畅的针笔勾线手法为基本的造型语言，并以概括性的色彩来表现。对色彩变化和明暗变化本着快捷、简便的原则来记录，注意在颜色倾向和色彩关系上不必面面俱到的过多润饰。单色上色是淡彩形式的首选，主要运用单色的素描关系表达产品的设计特征。所以在上色的过程中要尽量减少色彩变化，多注意形体特征，根据形体的转折来找主体的深浅变化。

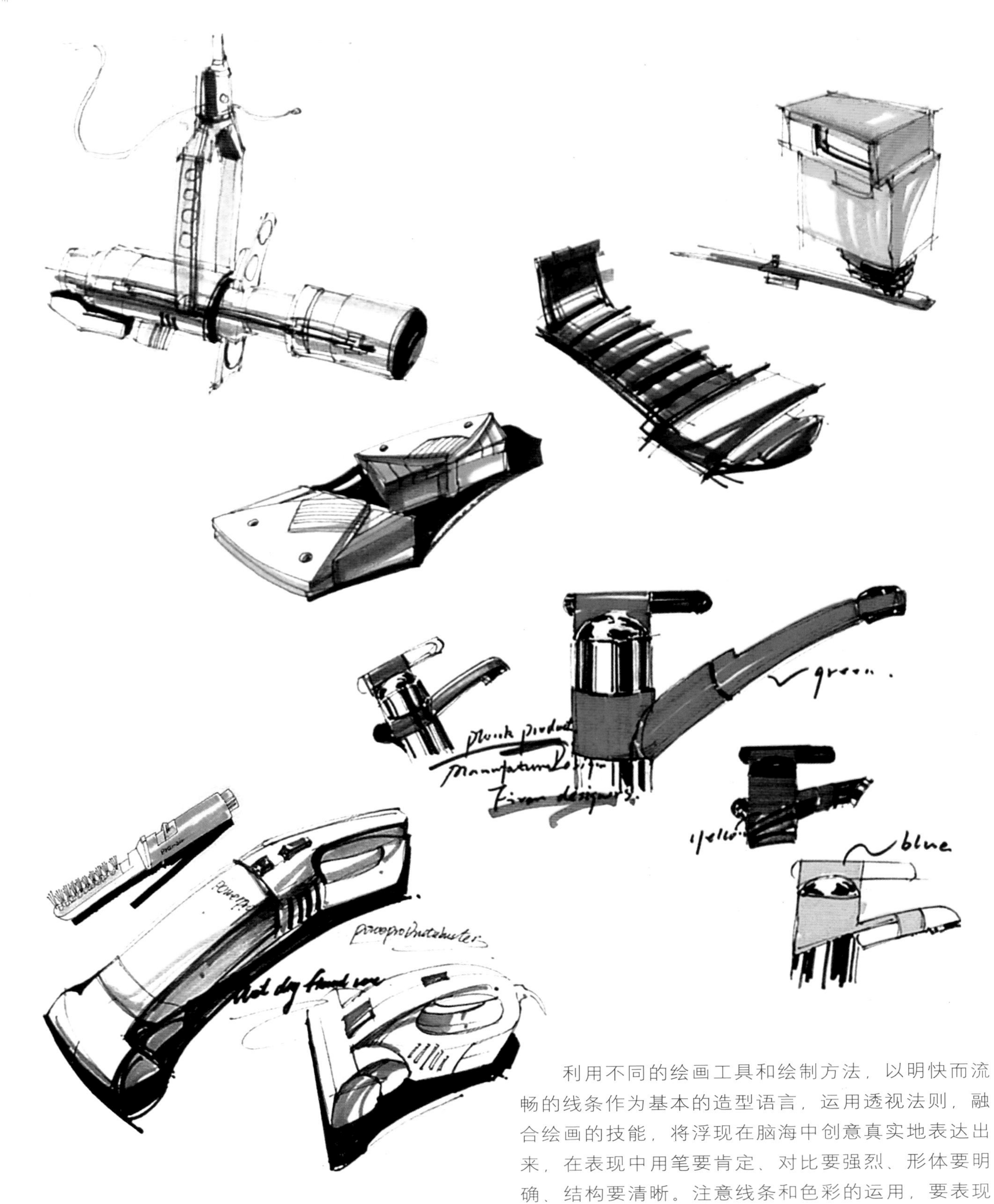

利用不同的绘画工具和绘制方法，以明快而流畅的线条作为基本的造型语言，运用透视法则，融合绘画的技能，将浮现在脑海中创意真实地表达出来，在表现中用笔要肯定、对比要强烈、形体要明确、结构要清晰。注意线条和色彩的运用，要表现得轻松、流畅、有气势。

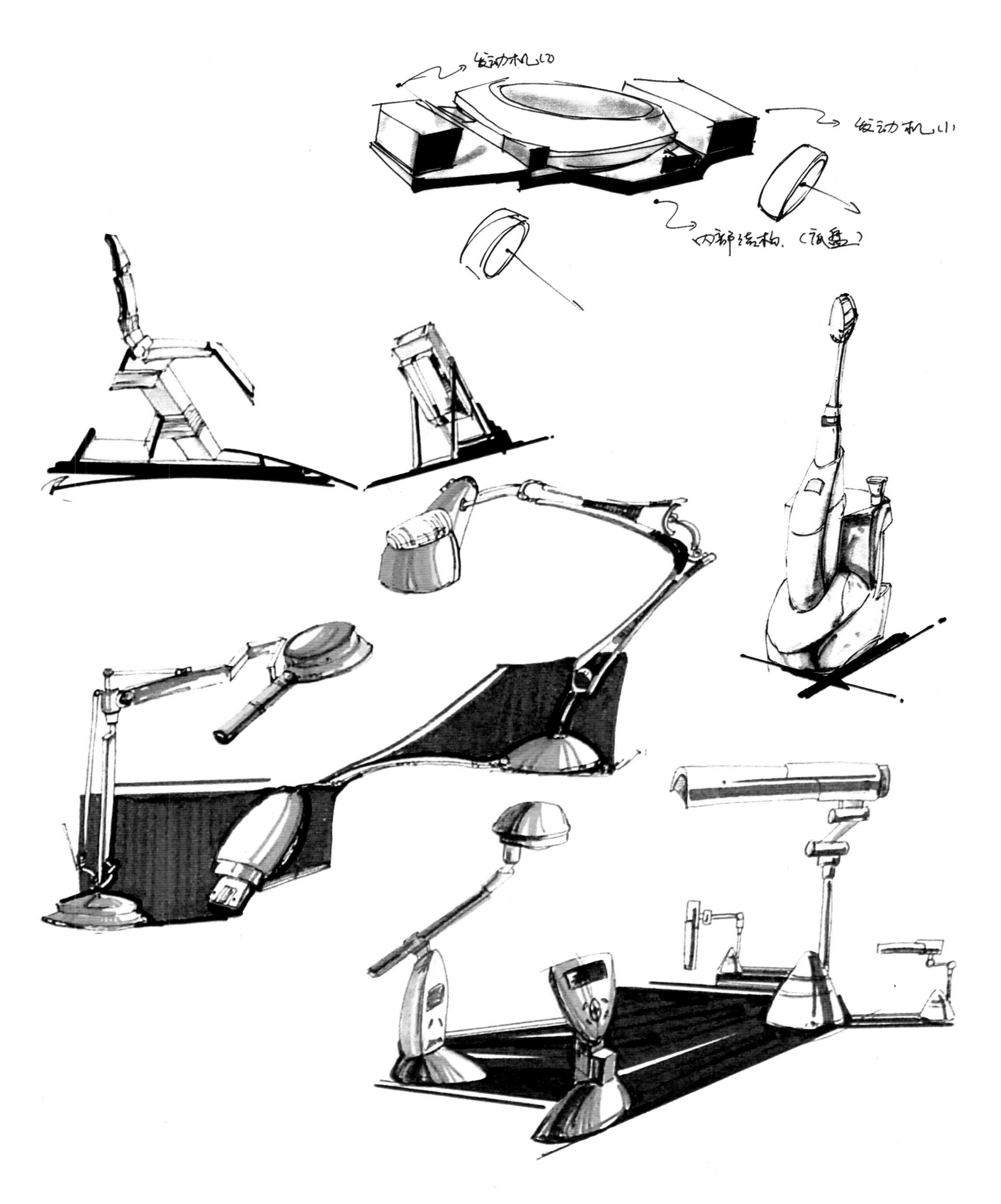
发动机(2)
发动机(1)
内部结构.(底盘)

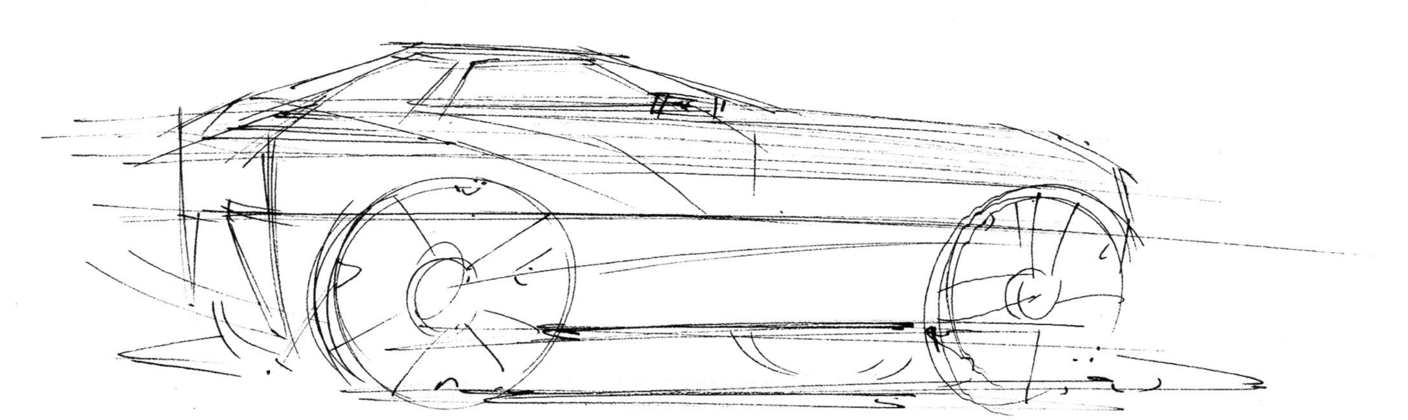

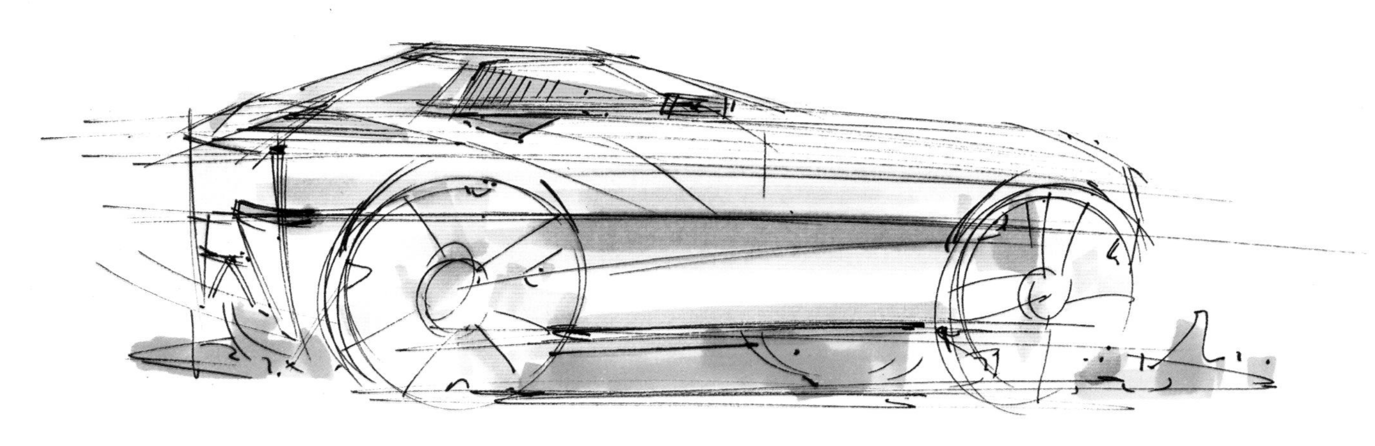

卢　毅

——第三章——

产品手绘效果图的快速表现种类及作用

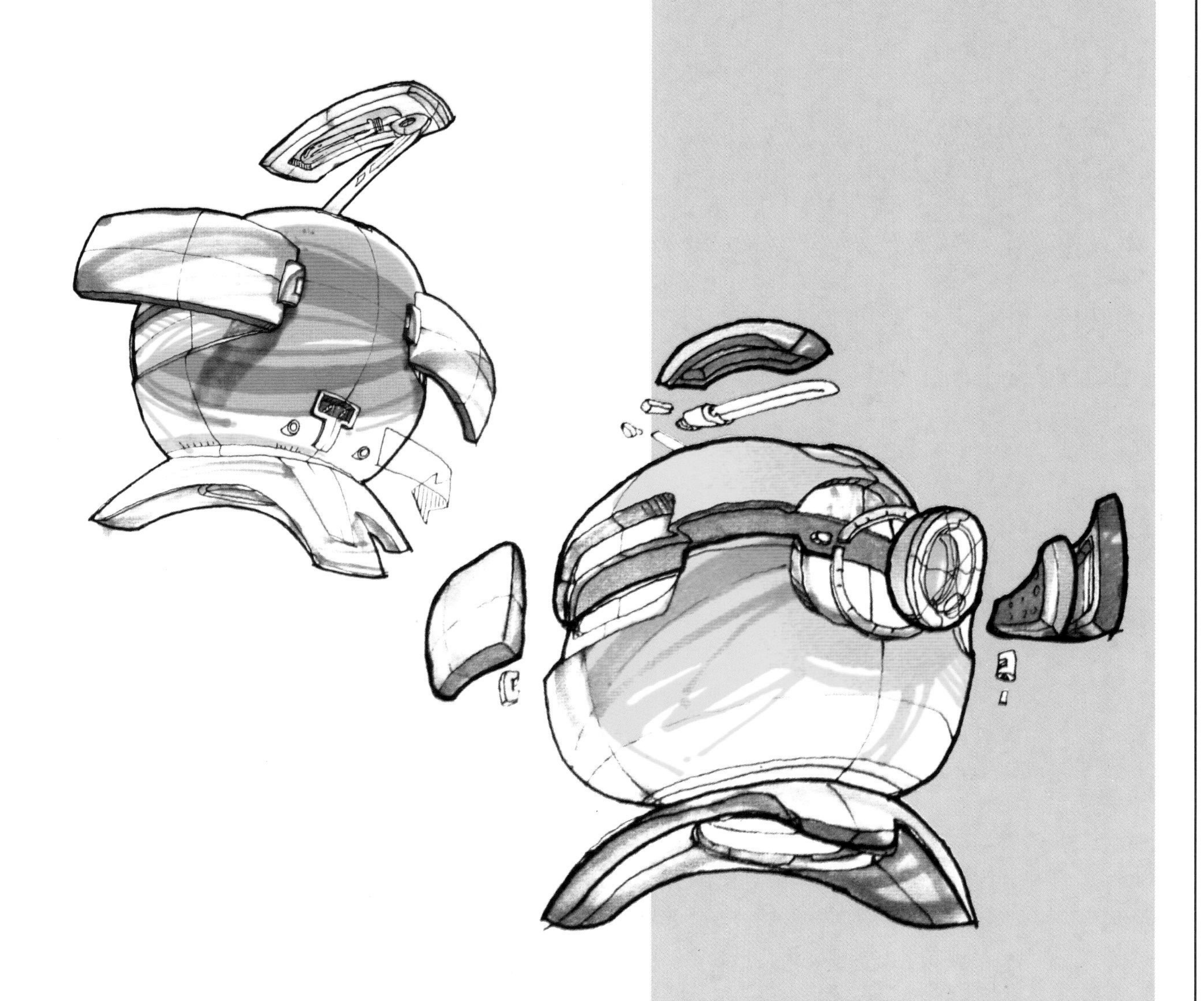

第三章　产品手绘效果图的快速表现种类及作用

绘制最终预想图之前是设计构思的开始，也是决定设计成败的重要阶段。在构思阶段通过快速设计表现把设计构思转化为现实图形，它是图示思维的表达方式。快速表现能够快速地捕捉设计者的瞬间灵感，有效、快捷地表达设计者的最初设计意图。根据快速设计表现“讲述”的内容的不同和整个设计构成中起到的不同作用，我们把快速设计表现分为构思草图和设计草图两部分。构思草图和设计草图出现在设计的不同阶段，有着各自不同的用途和表现形式。

第一节　构思草图

构思草图一般表现为以简单的线条和一些必要的结构，让设计师达到快速表现、随心所欲的熟练程度，把自己心里所想的创意的熟练程度，把自己心里所想的创意构思快速地表现出来。它是瞬间闪现的灵感转为图形化，是大脑设计意向模糊不确定的体现。构思草图是记录设计灵感的一种思维模式，它可以是寥寥的几笔，也可以是某种符号，还可以是有些混乱的、不规则的表达，但是可以牵动、引导设计者的进一步联想发挥，在最短时间内尽可能地寻求最广泛的设计方案的可能。构思草图的主要作用就是完成设计者最初的构思，不需要太多的考虑细节，草图的目的是建立起要设计的雏形，强调轮廓、整体、材质对比及特别设计的部分，着重体现的是设计者的设计风格和整体形态。

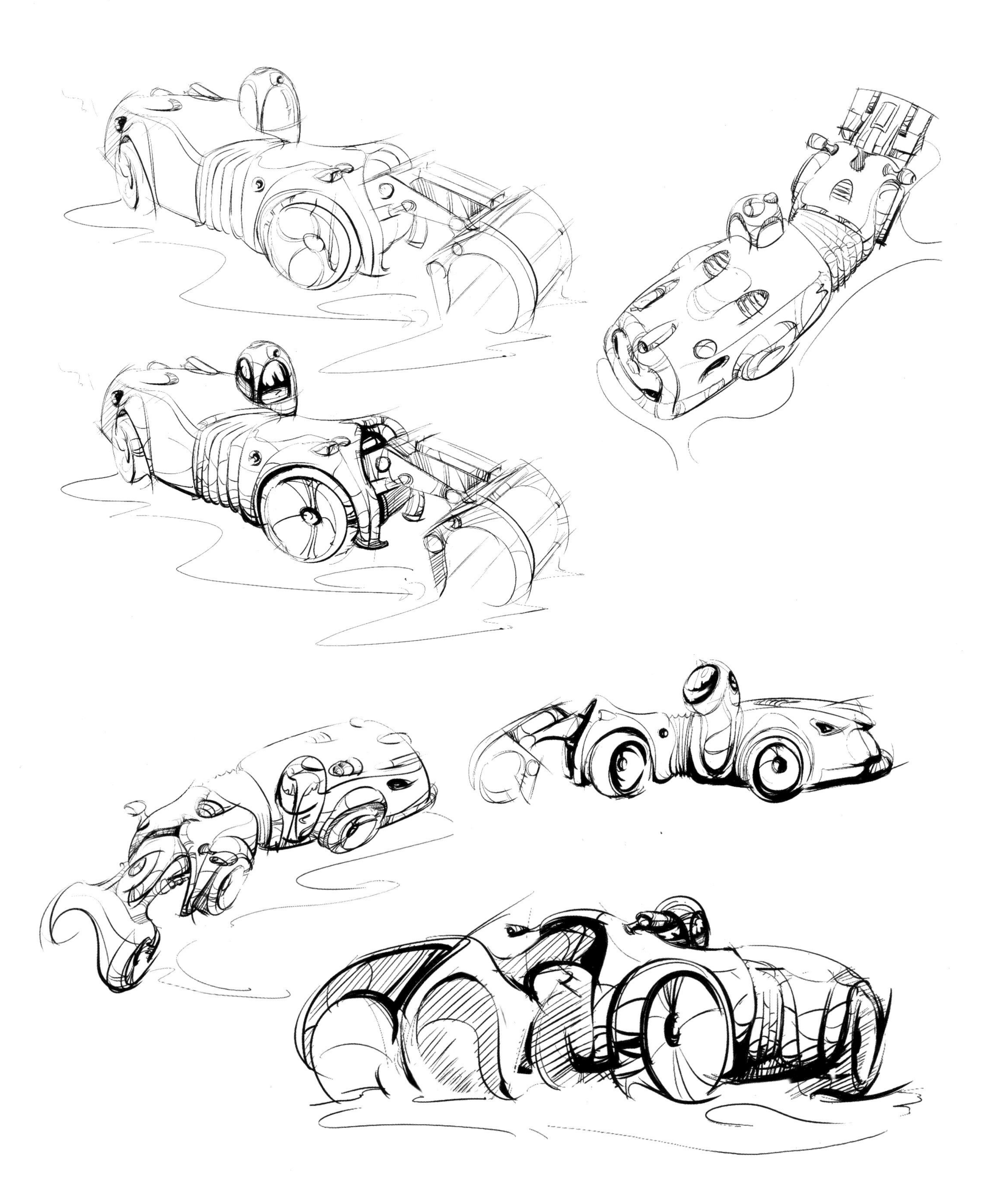

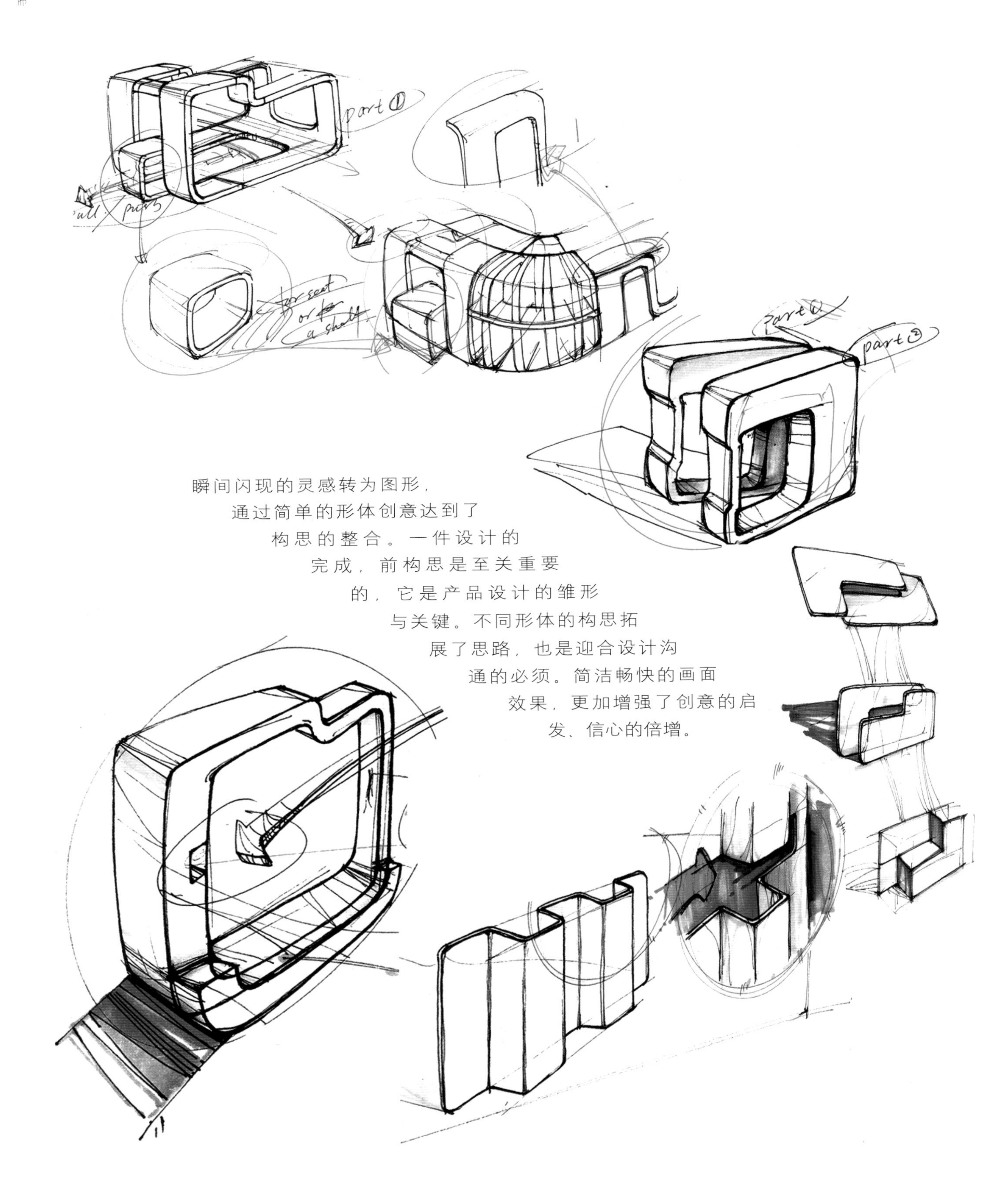

瞬间闪现的灵感转为图形，通过简单的形体创意达到了构思的整合。一件设计的完成，前构思是至关重要的，它是产品设计的雏形与关键。不同形体的构思拓展了思路，也是迎合设计沟通的必须。简洁畅快的画面效果，更加增强了创意的启发、信心的倍增。

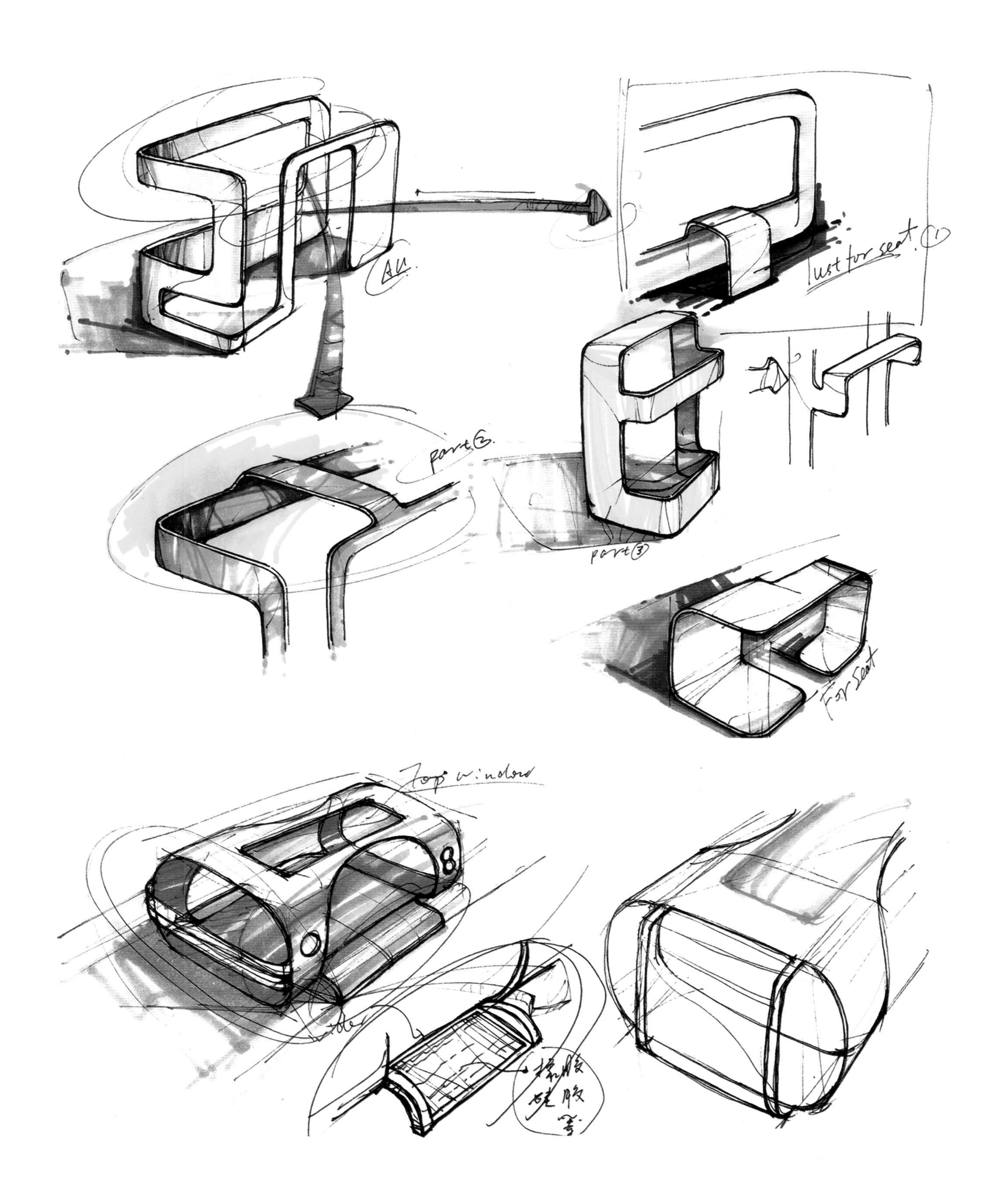

All
Just for seat ①
part②
part③
For Seat
Top window

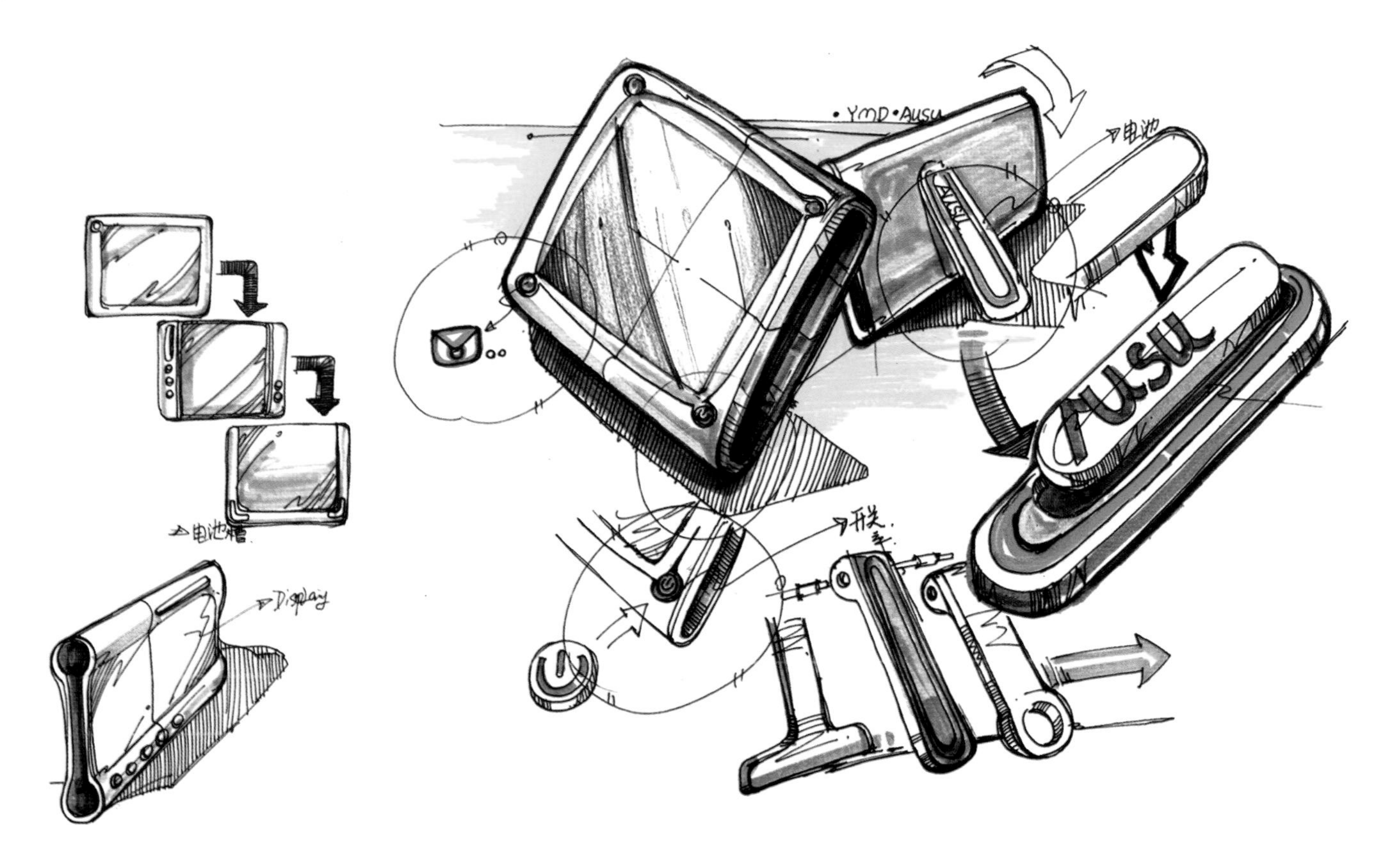

第二节　设计草图

设计草图的出现，使设计师的设计思路不断得到延伸，它使设计者在淘汰了不可能实现的方案后，进一步整理、完善、修改草图，确切地说它应该是构思草图的深化。在这一阶段，设计者加入了大量的理性分析，要更多地考虑到设计的可行性，解决更多的设计要求。进而准确地确定物体的主体形态、功能分布、材料特性、整体颜色、人机工程的舒适性和可能性等方面的问题，也就是说设计草图增强了设计实物的精确感，更接近最终的设计。一般情况下设计草图的表现应该有四幅左右，太多就失去了设计的方向，太少又不好做出正确的设计比较，设计草图应采用透视画法来表现，在描述不清楚的情况下也可以使用辅助说明的三视图和简短的设计说明。

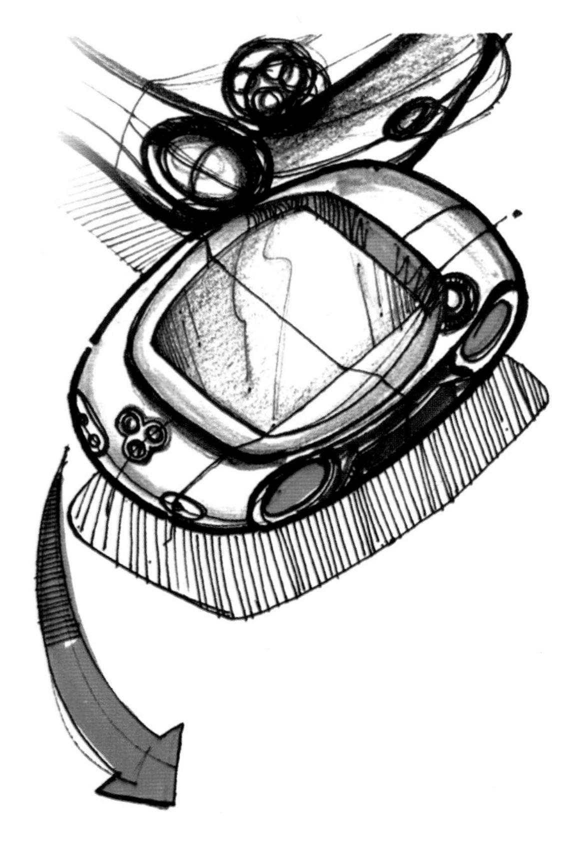

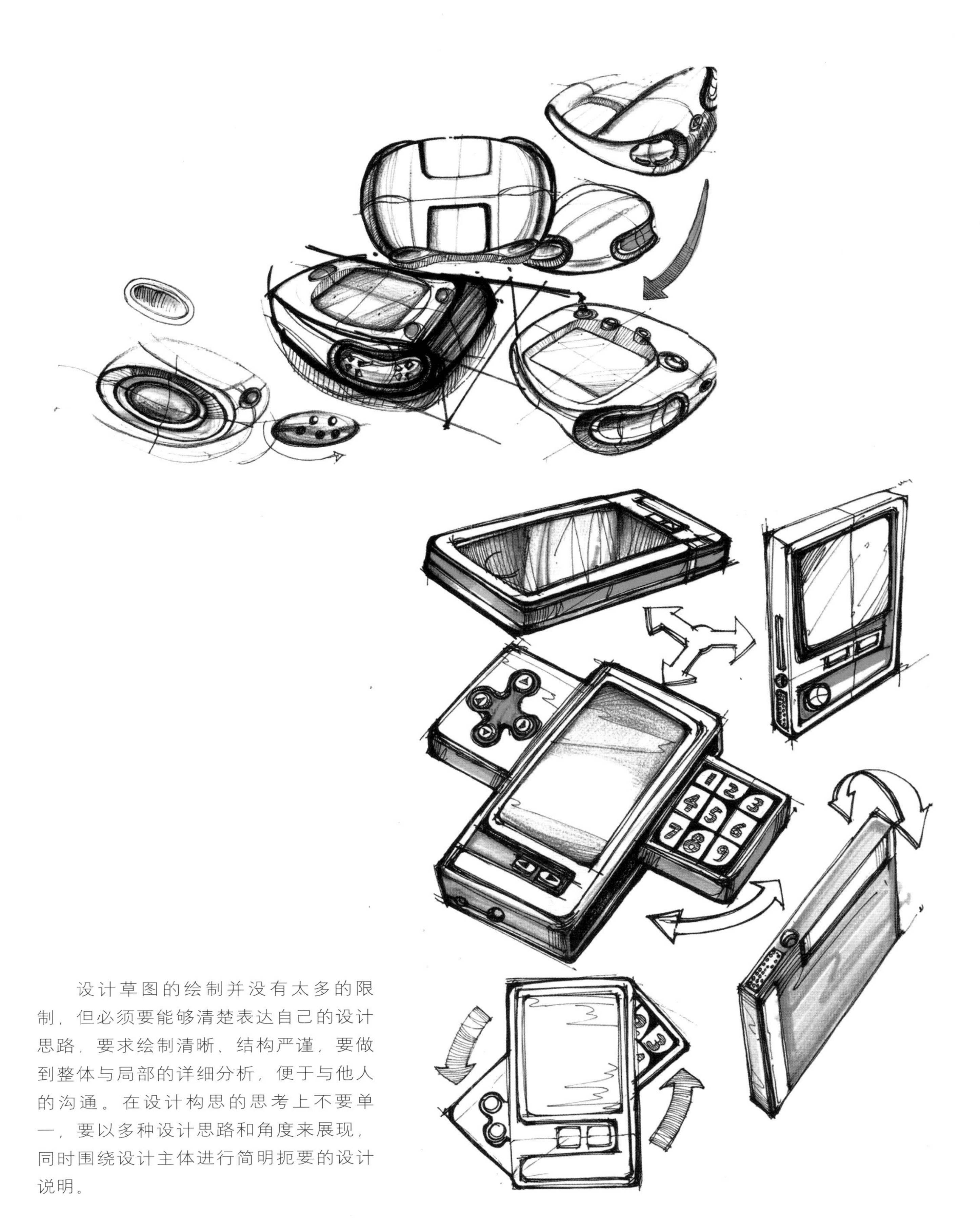

设计草图的绘制并没有太多的限制，但必须要能够清楚表达自己的设计思路，要求绘制清晰、结构严谨，要做到整体与局部的详细分析，便于与他人的沟通。在设计构思的思考上不要单一，要以多种设计思路和角度来展现，同时围绕设计主体进行简明扼要的设计说明。

折叠Speaker.
Speaker.
Speaker
Green. Speaker.

布.
Cloth.
PVG.
Show.
Back.

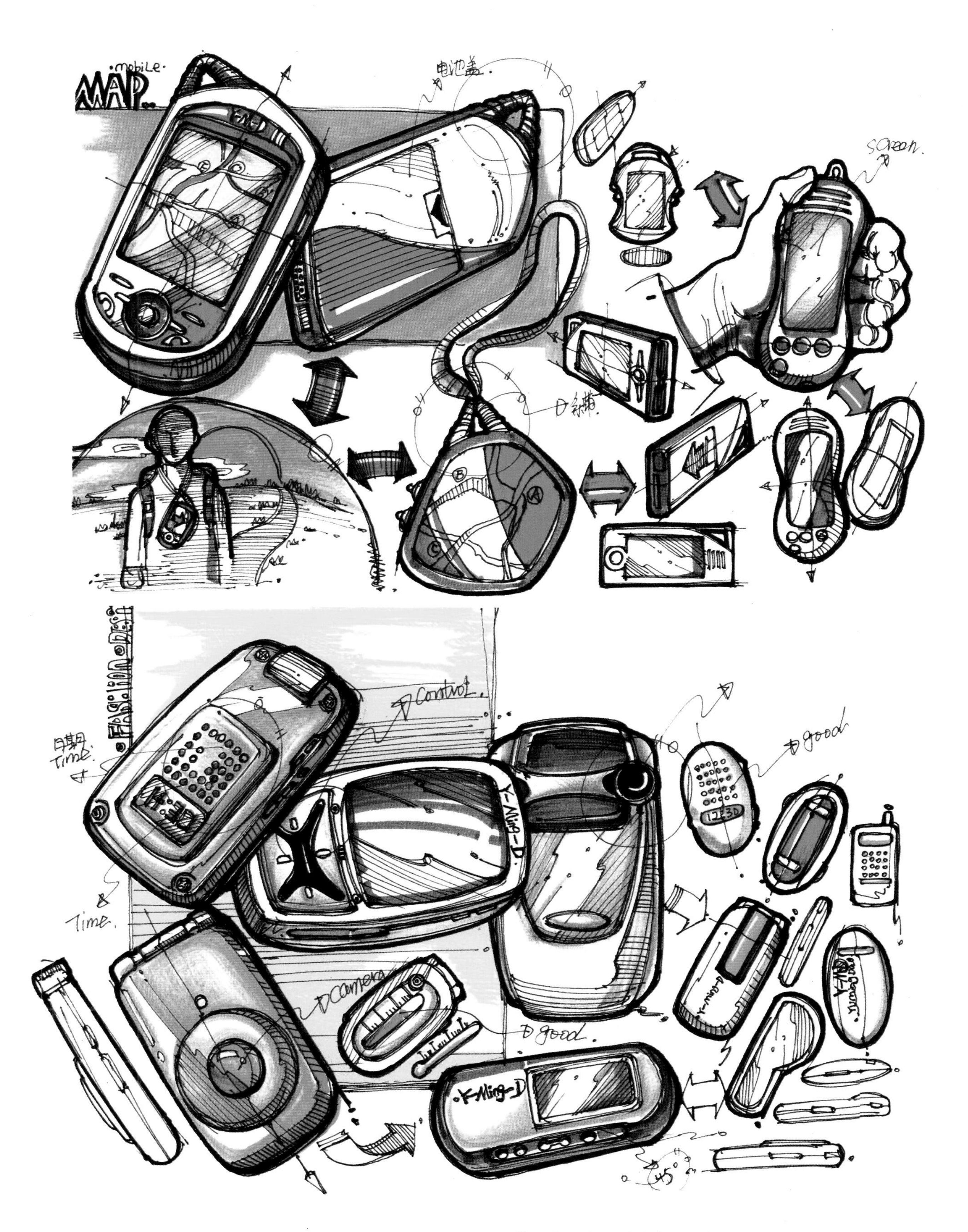

·mobile·
MAP
电池盖
screen
Control
日期
Time.
Time.
good
Y-Ming-D
Camera
good
Y-Ming-D
45°

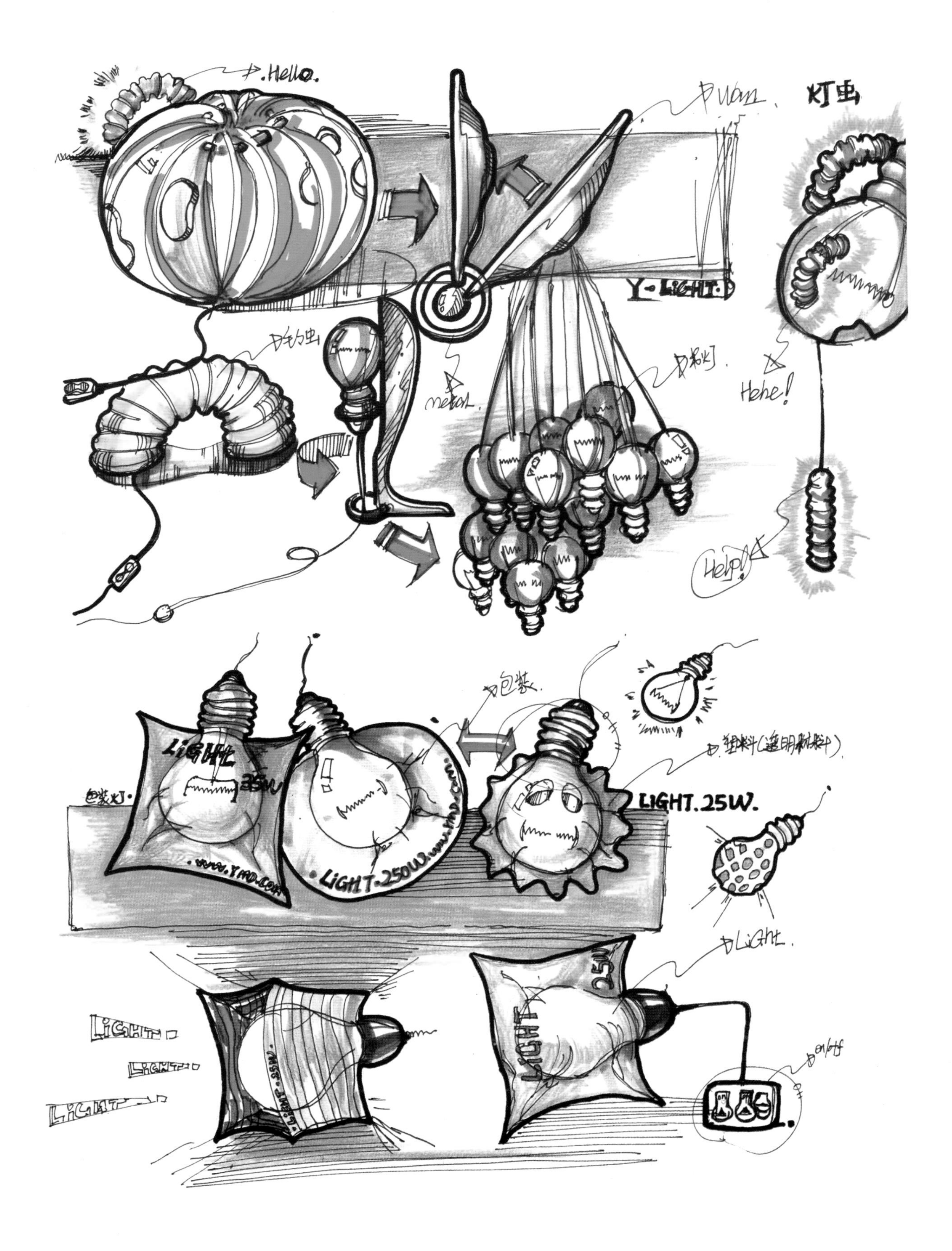
Hello.
灯虫
Y-LIGHT
metal.
Hehe!
Help!
包装.
LIGHT.25W.
Light.
on/off

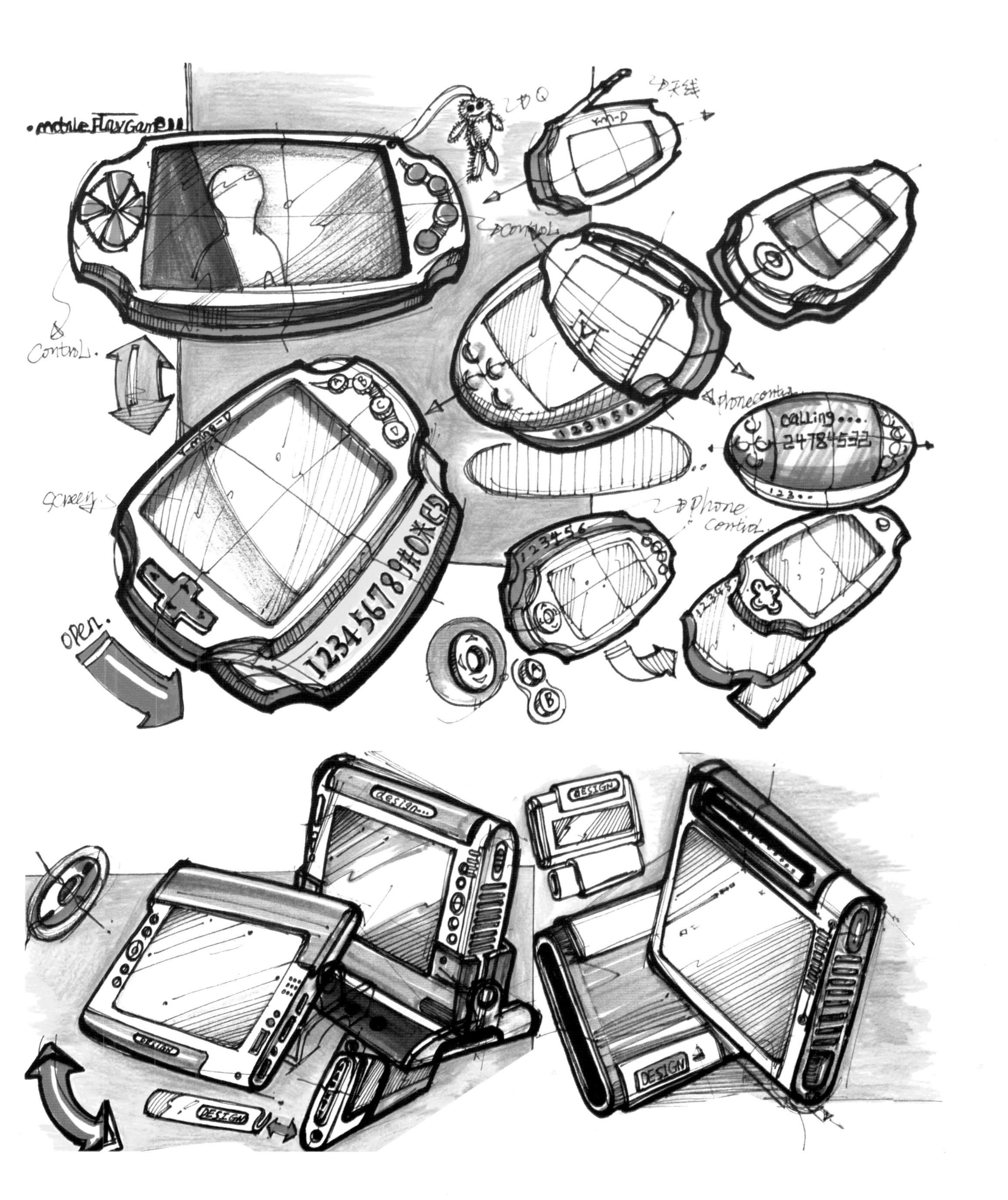

一、设计剖析图的表现方法

通过对物象的剖析，实现透过表象看到本质，在了解外形与结构关系的同时，变感性为理性。没有认真地观察与剖析就无法正确地理解结构，也就无法准确地进行表现。在整个剖析的过程中领略的东西往往比结果更为重要。

设计剖析图表现的方法很多，表现时完全可以用单线的形式，使注意力集中在结构的刻画上。用非常明确的线条肯定地表现出物体，根据需要强调主要部分，如面、体的轮廓线。注意表达不同的材质，用线粗细、快慢、力度的不同，来表达真实对象的不同质感。

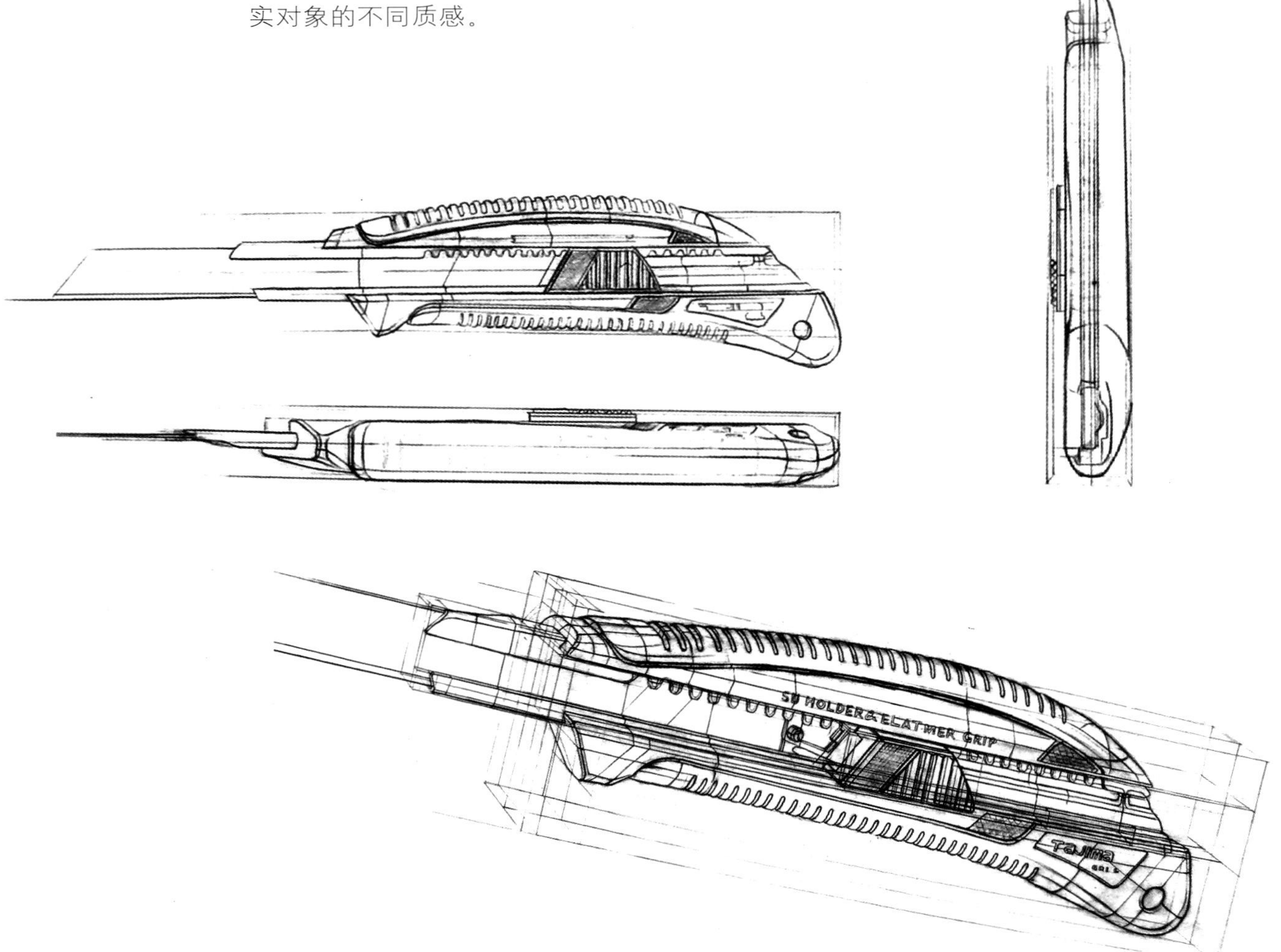

每件产品都是由多个部件所组成的，通过分解、组合，可以使我们对整个形体由整体到局部有一个充分的理解和认识。通过不同的角度观察，可更好地研究形体的结构和构造。

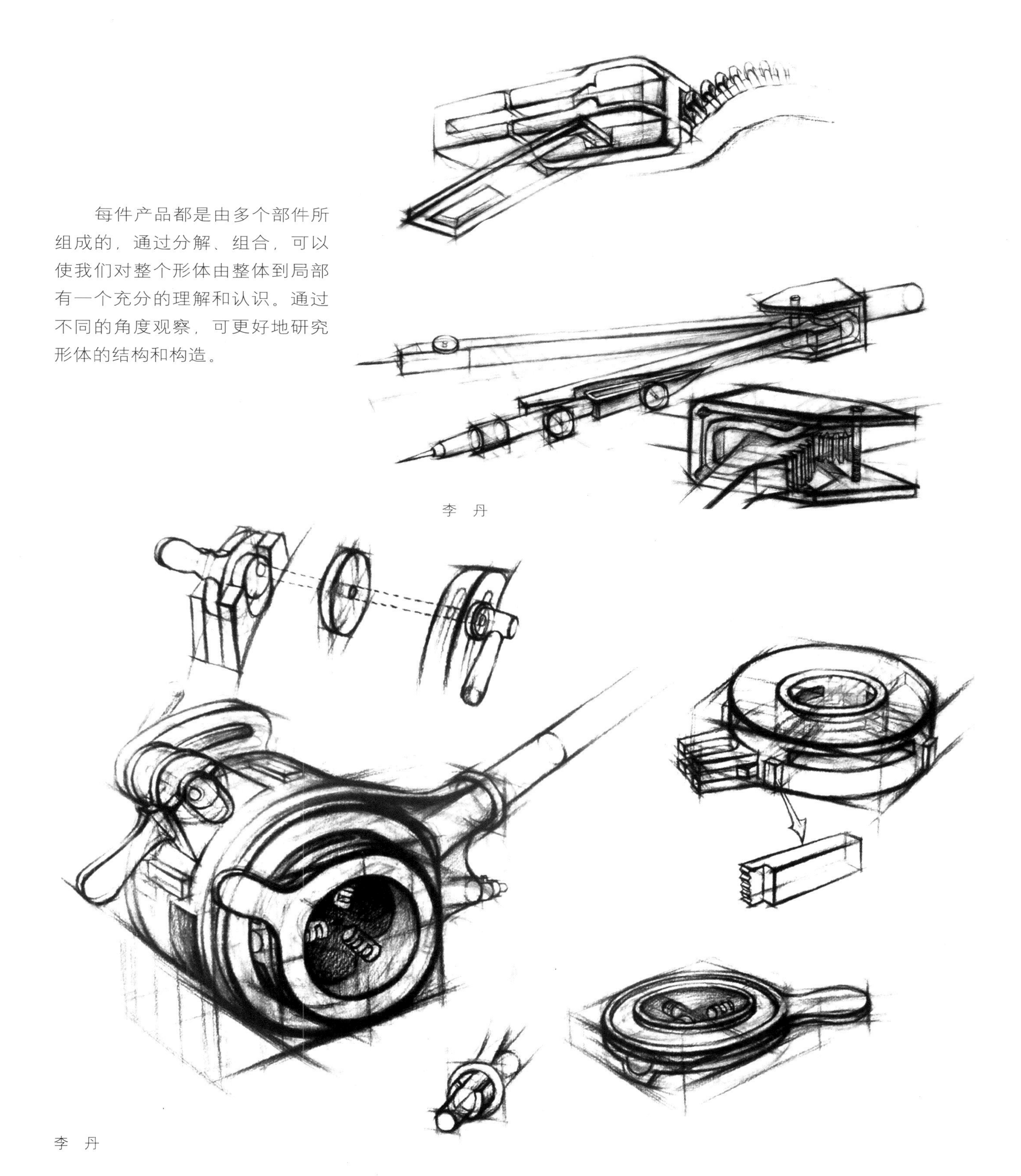

李　丹

李　丹

二、设计分析图的表现方法

在构思草图的基础上进行形态和结构的反复推敲和思考，是进行设计思维的一次重要的整合。设计分析图阶段更偏重于思考与分析的过程。通过本阶段的深入分析，要清晰全面地说明和表达自己的设计思路，明确设计思维与设计理念。

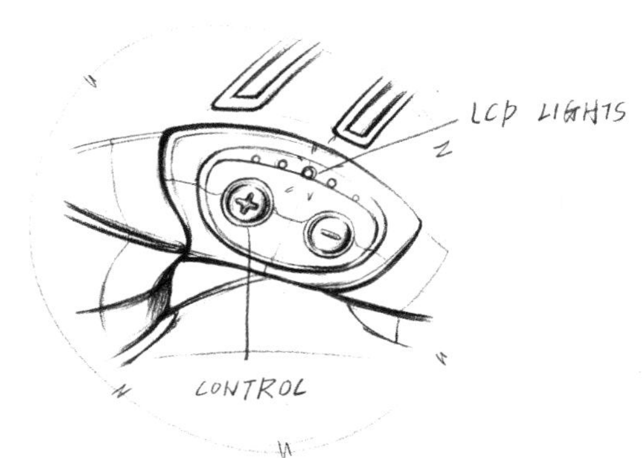

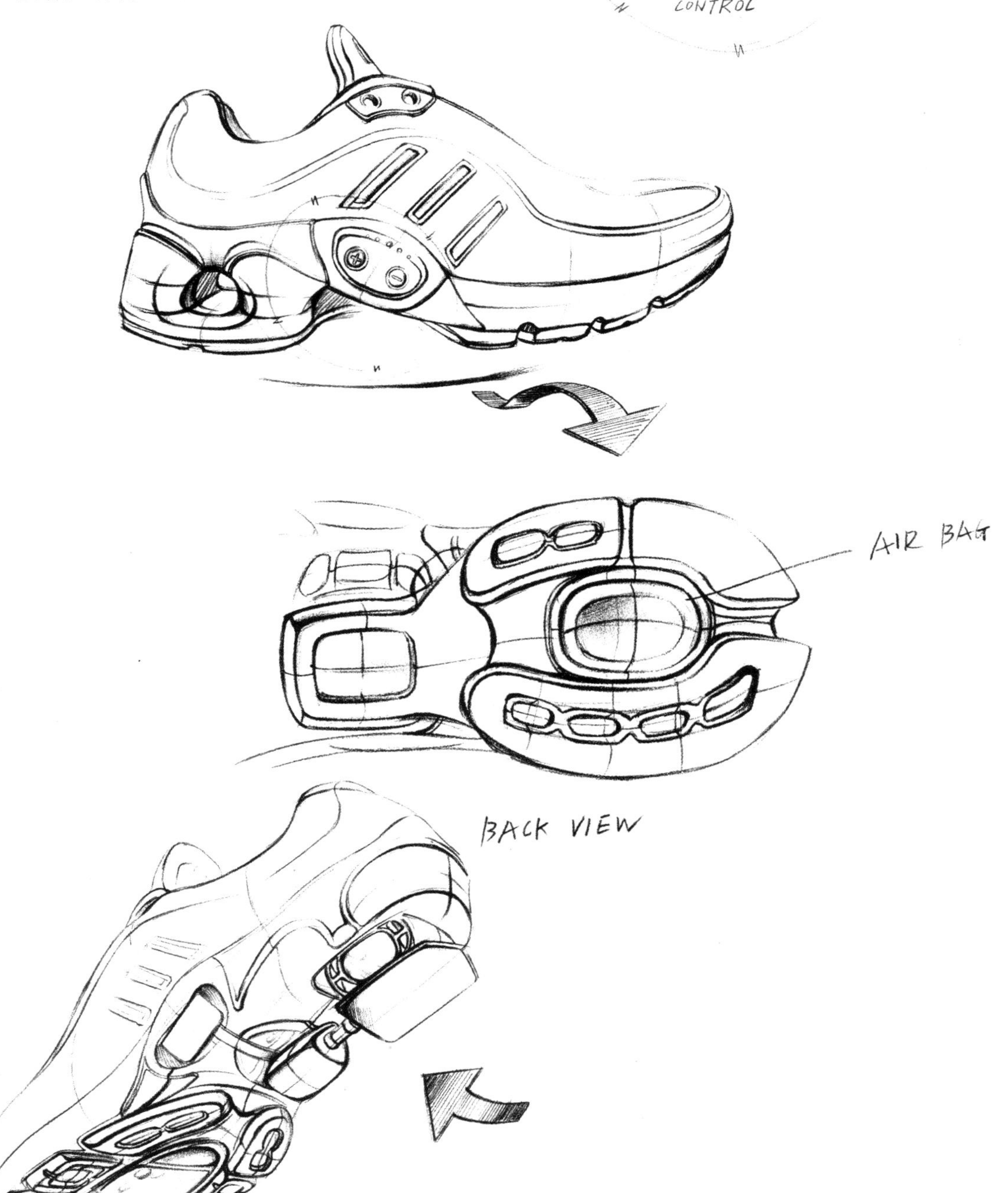

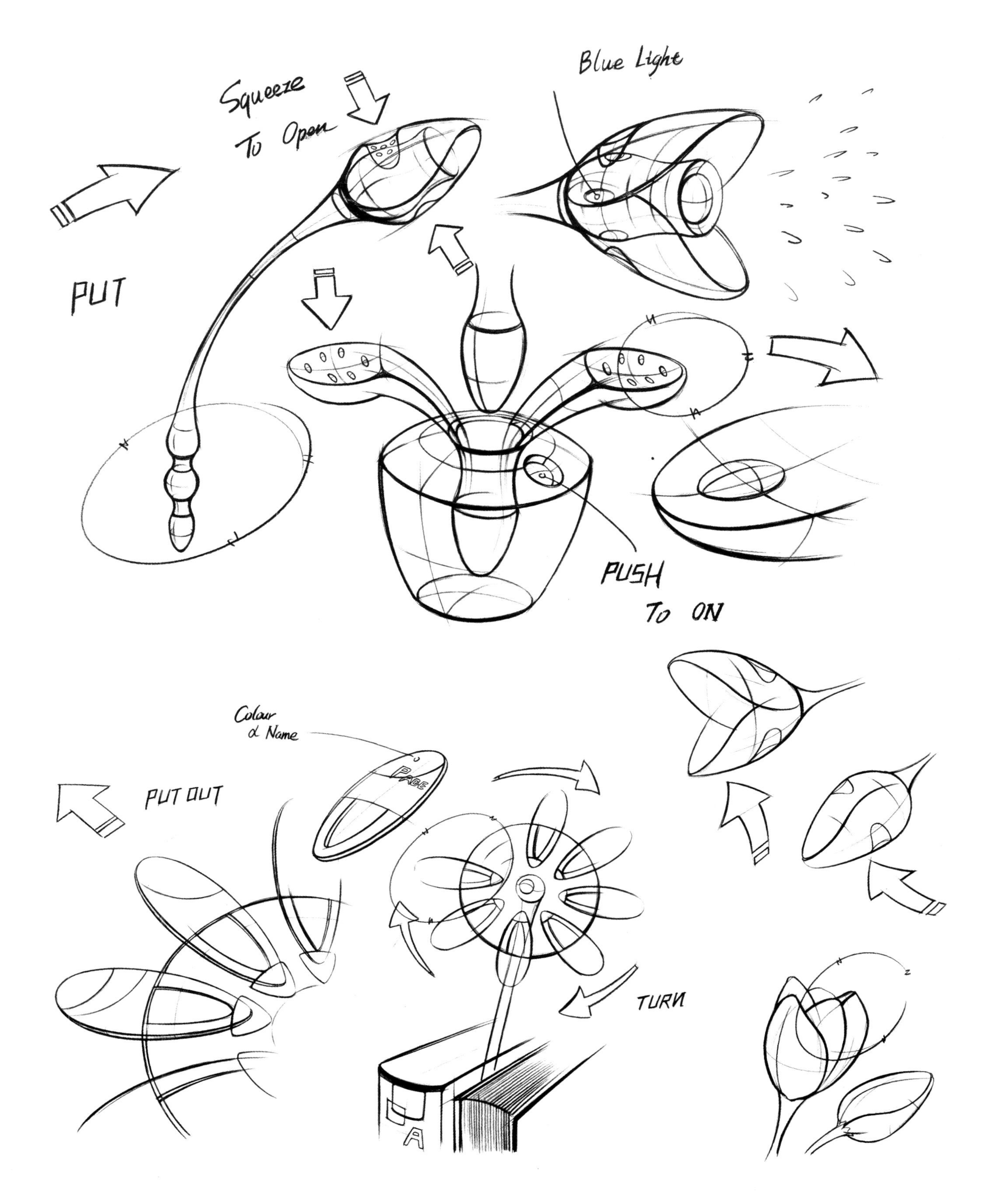
Blue Light
Squeeze
To Open
PUT
PUSH
To ON
Colour
& Name
PAGE
PUT OUT
TURN
A

REMOVE

RUBBERIZED URETHANE

LIGHTS UP

LCD

TURN CONTROL

BACK VIEW

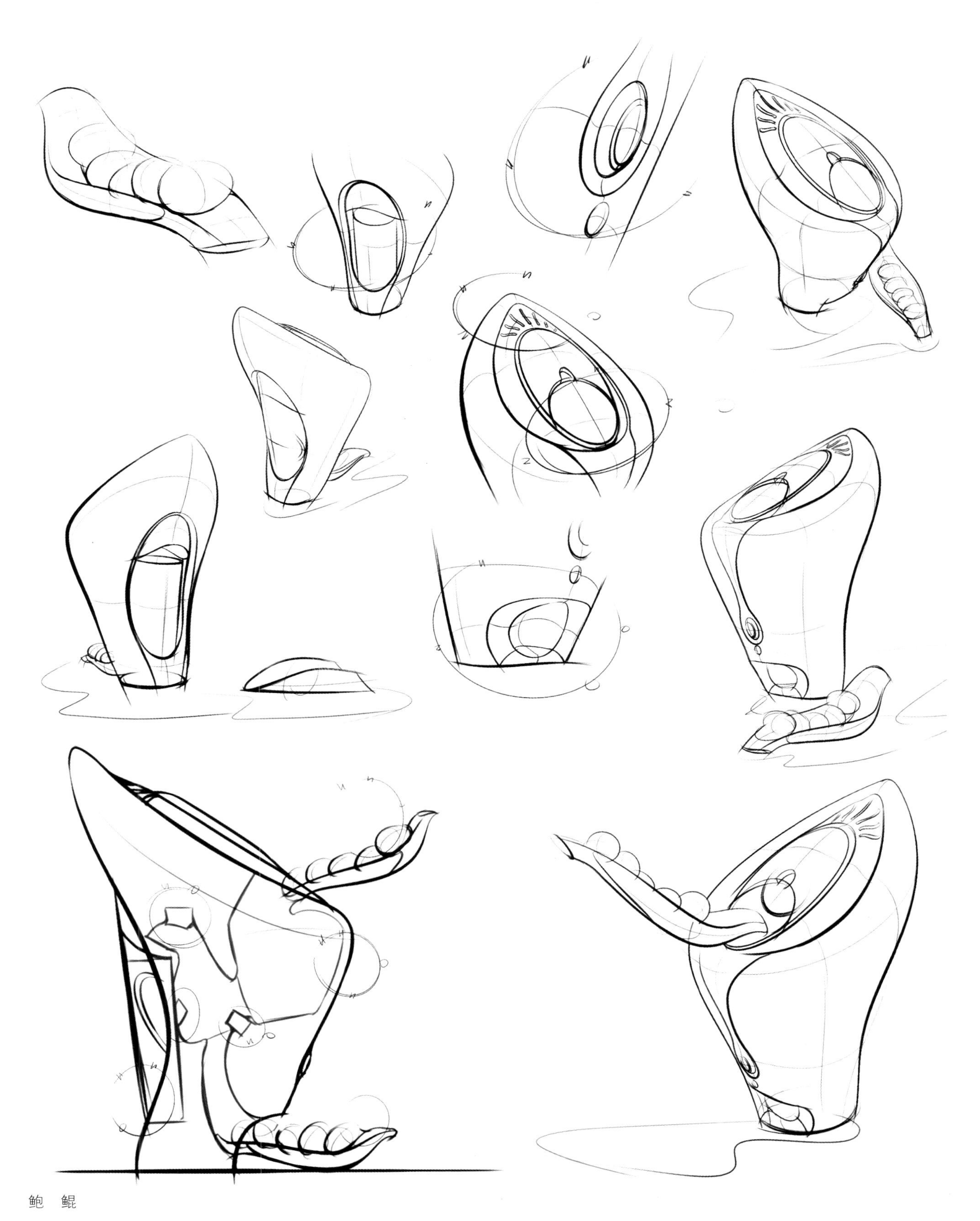

鲍 鲲

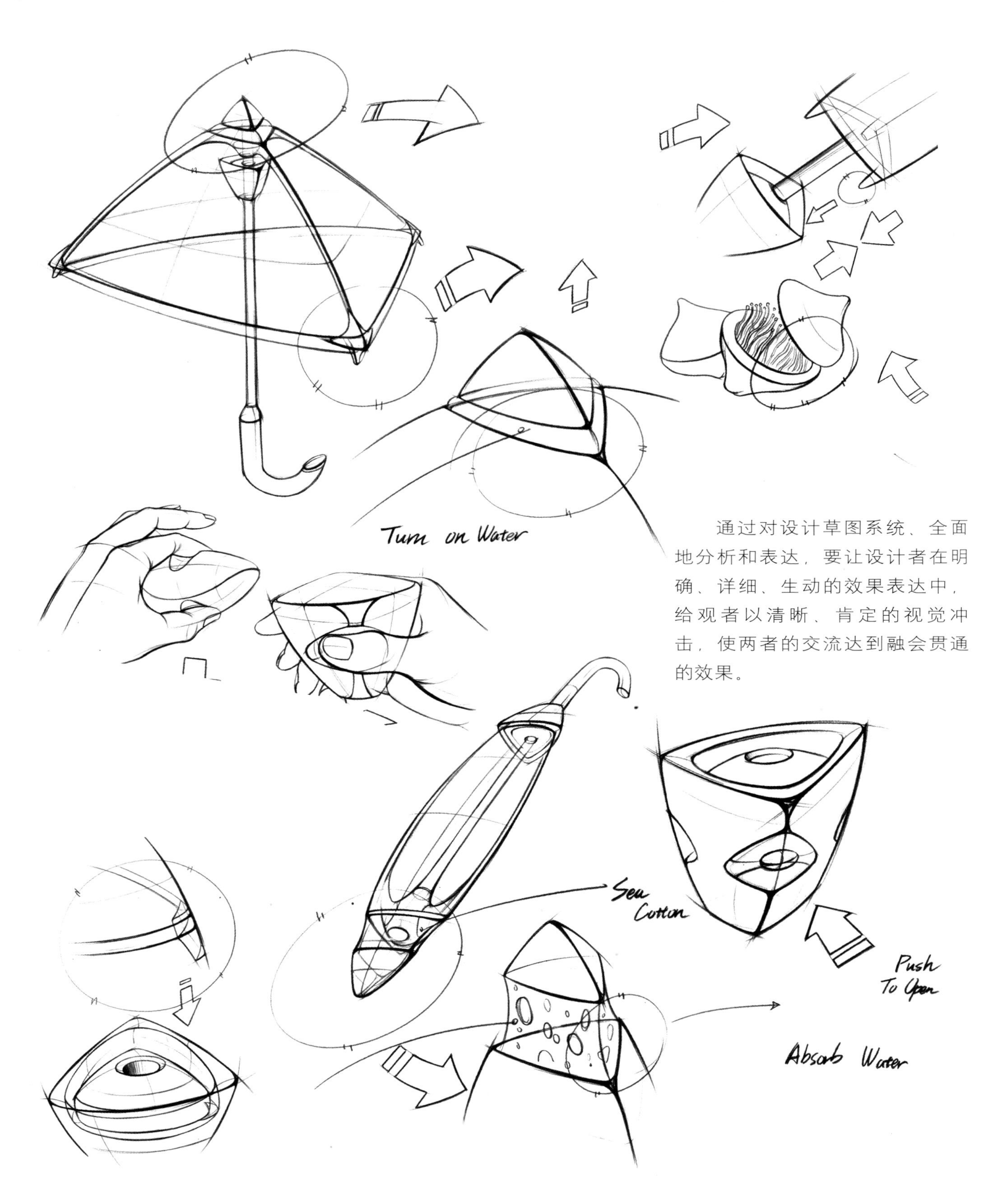

通过对设计草图系统、全面地分析和表达，要让设计者在明确、详细、生动的效果表达中，给观者以清晰、肯定的视觉冲击，使两者的交流达到融会贯通的效果。

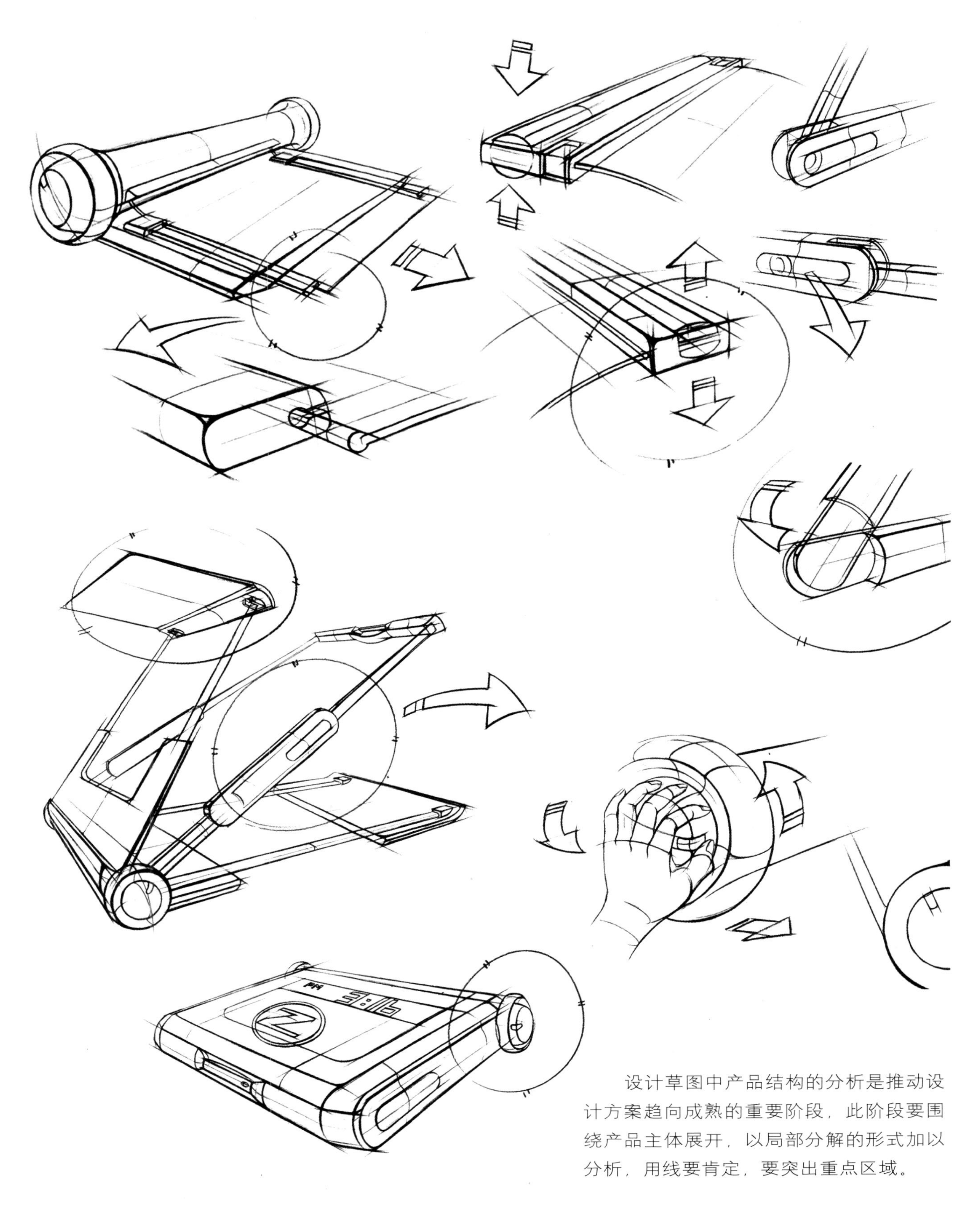

设计草图中产品结构的分析是推动设计方案趋向成熟的重要阶段，此阶段要围绕产品主体展开，以局部分解的形式加以分析，用线要肯定，要突出重点区域。

设计构思中局部结构的细化也是一个非常重要的内容。产品内部结构的细节，如结构间的穿插、结合、凸出、凹进等的关系，不仅需要表现其表面的形状，还要表现内部结构关系。这就要求在设计的过程中仔细分析、思考。以恰当、严谨的形式表达出来，它是整合设计、效果表达的必要手段。

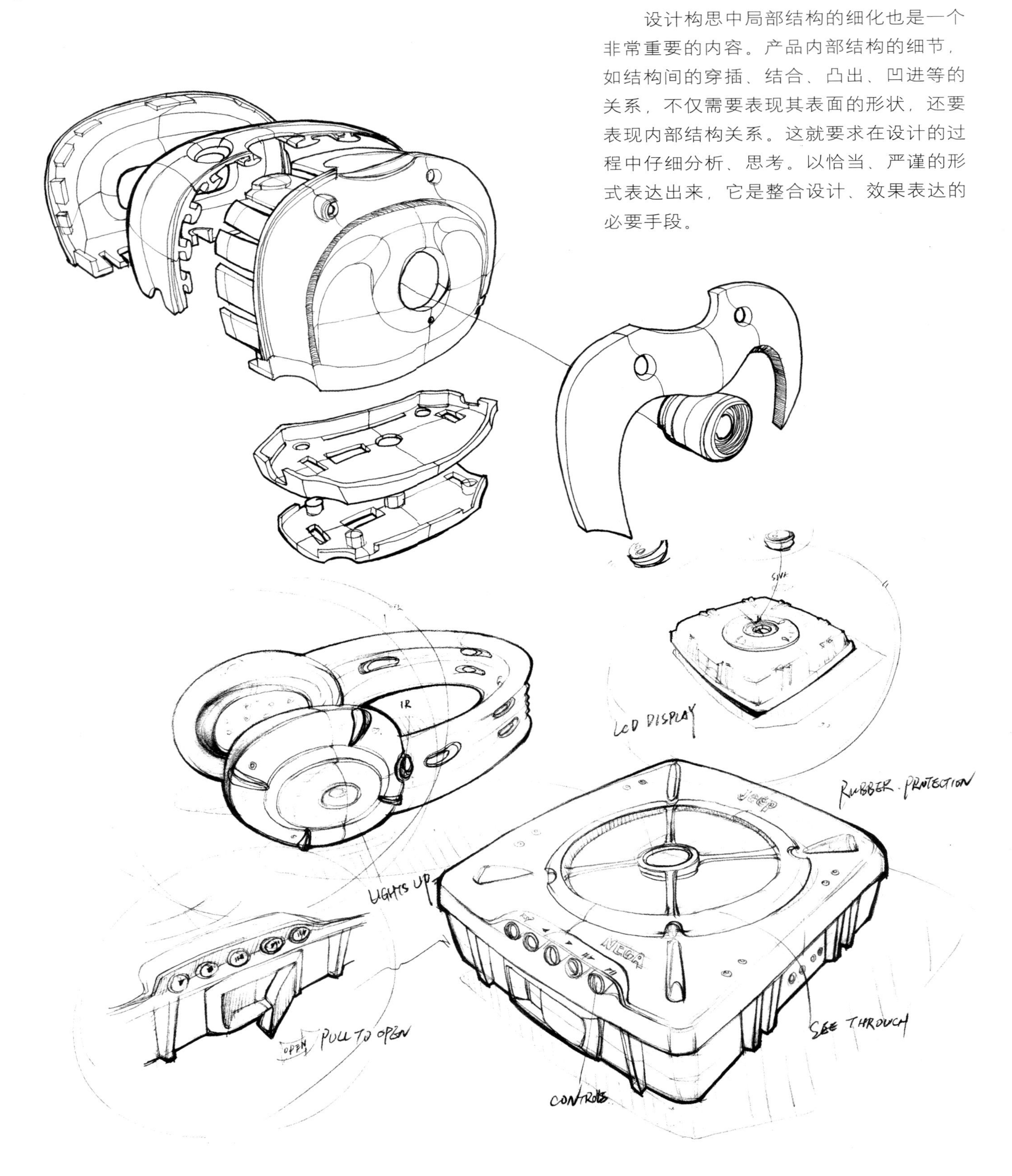

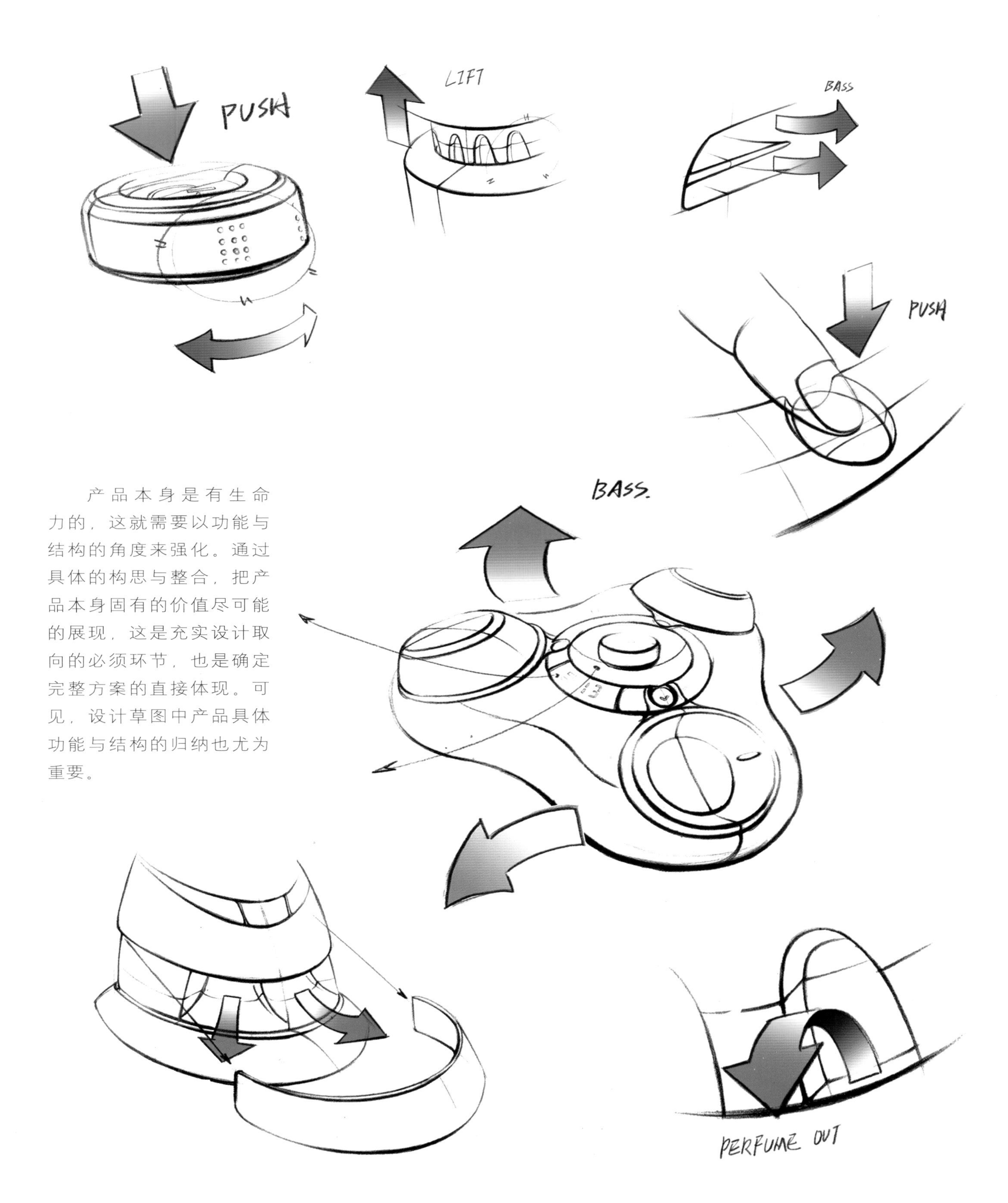

产品本身是有生命力的，这就需要以功能与结构的角度来强化。通过具体的构思与整合，把产品本身固有的价值尽可能的展现，这是充实设计取向的必须环节，也是确定完整方案的直接体现。可见，设计草图中产品具体功能与结构的归纳也尤为重要。

三、设计比较图的表现方法

设计比较是设计构思中一种有效的思维方式，它是选择有效设计方案最直接的方式。从多种近似方案中罗列出设计的优点与不足，从优选择最佳的设计方案加以深化。此阶段的内容绘制在形体及构图方面要清晰明、严谨，便于不同的观者评价。

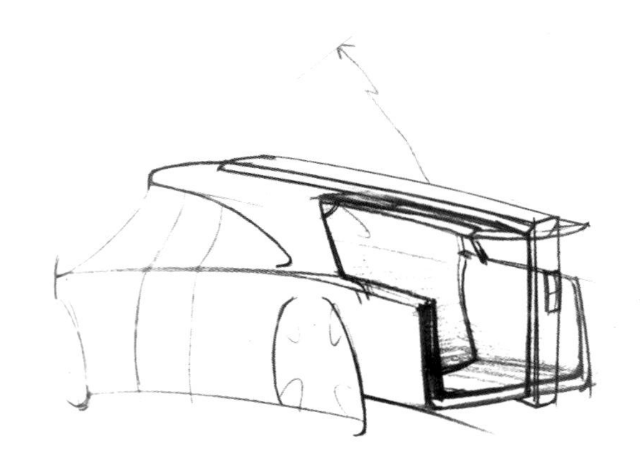

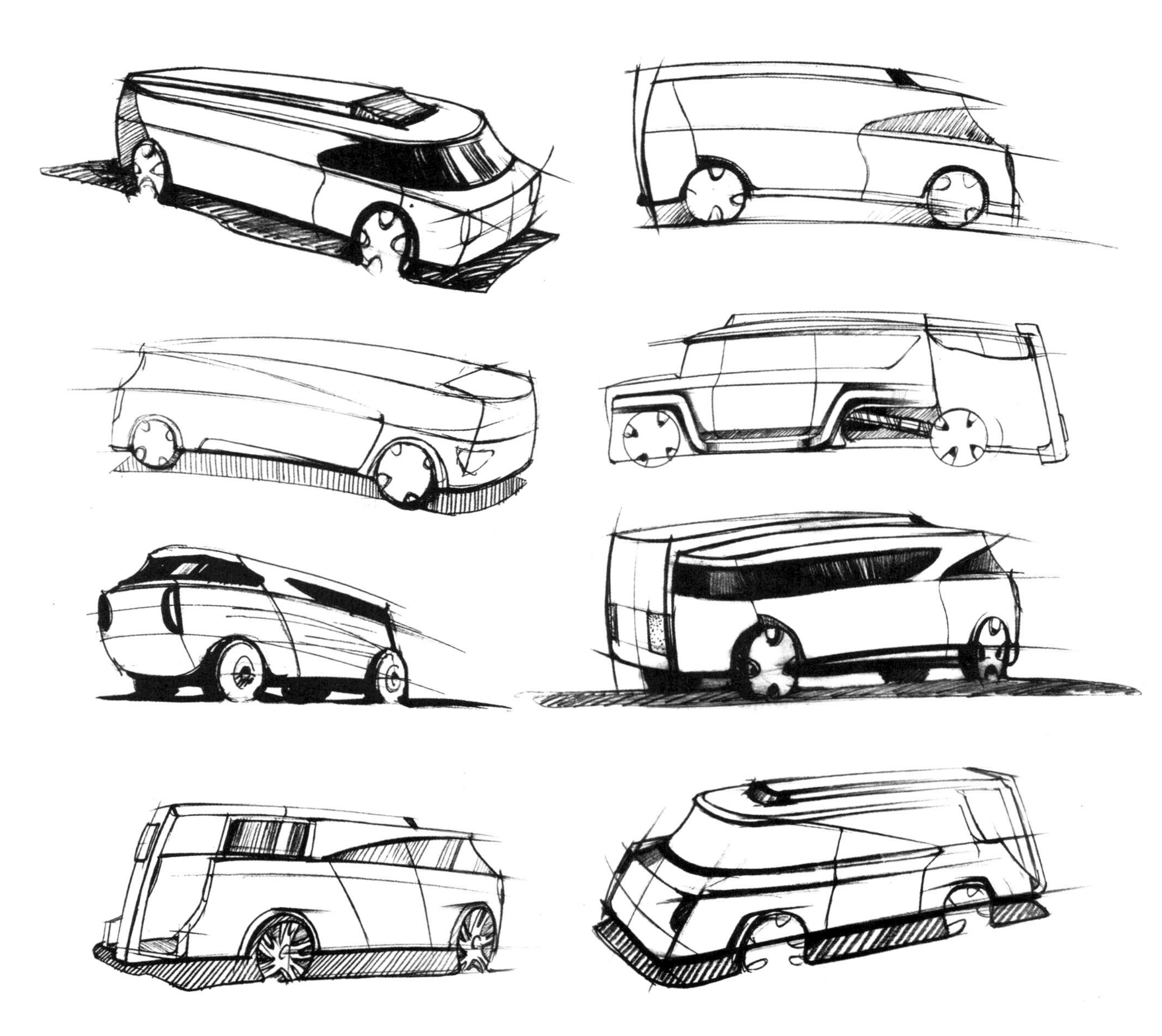

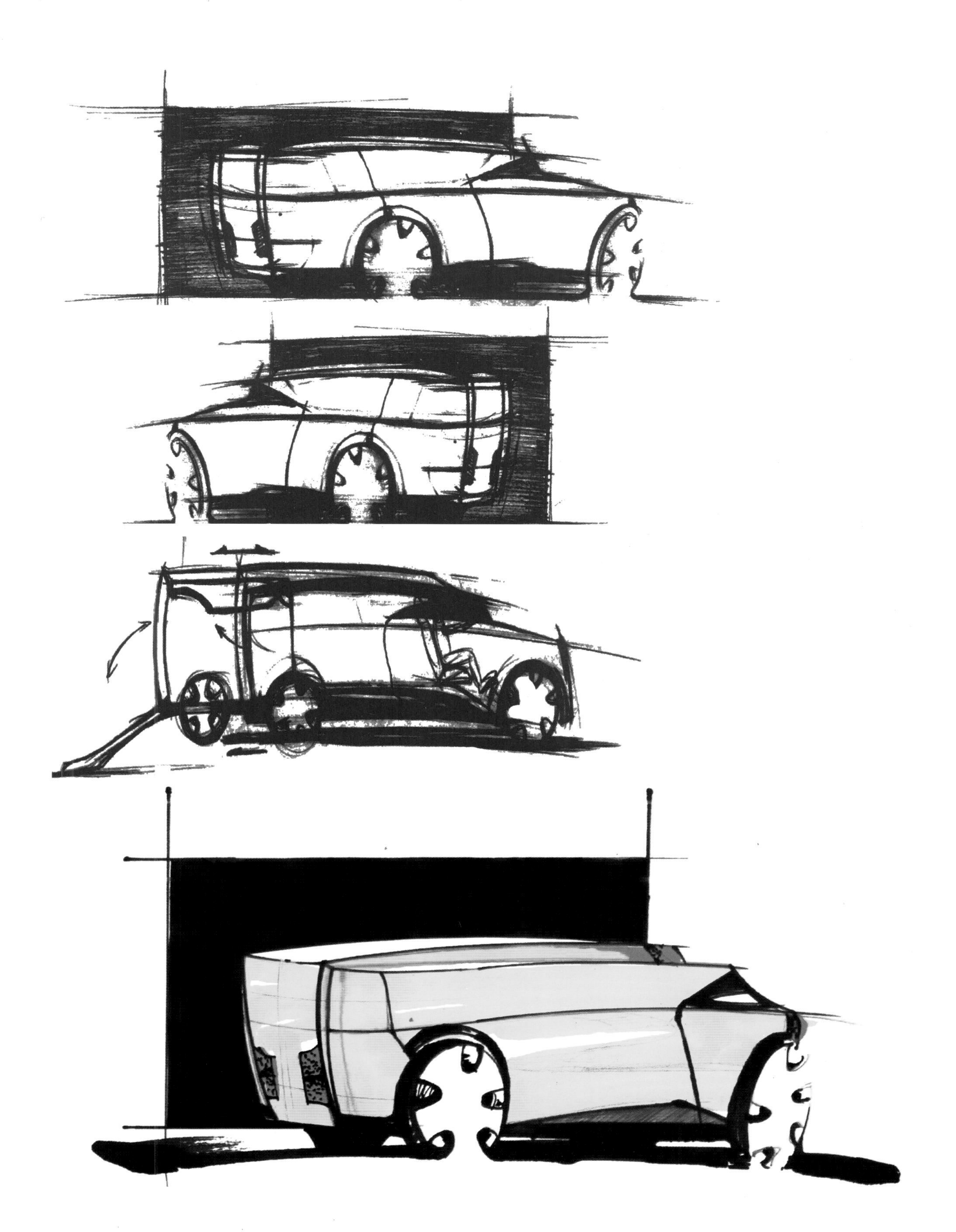

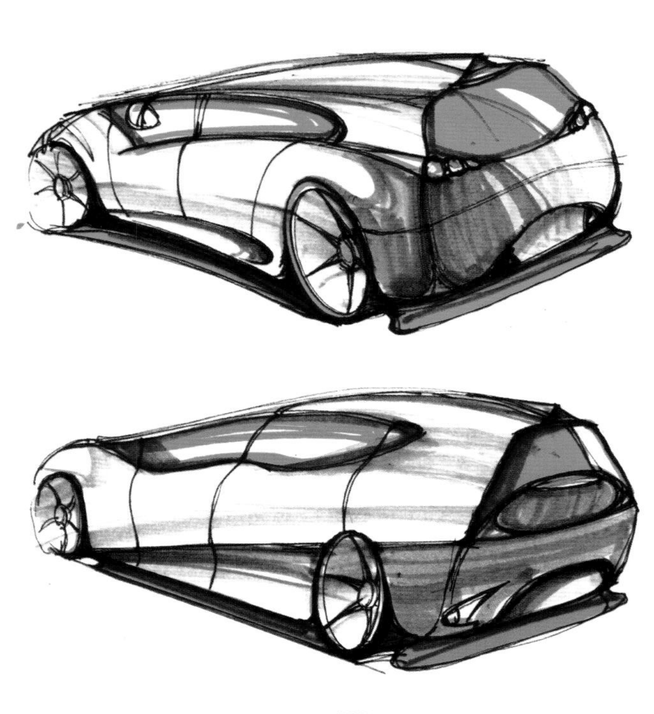

不同设计思路的分析是设计草图绘制中的重要思维过程。通过对不同方案的推敲与分析，产品方案的最后确定提供了多途径的考证。此阶段同样叙述整体与局部的分析。

方案1
TURN
TURN
方案2
TURN
PUSH
TURN

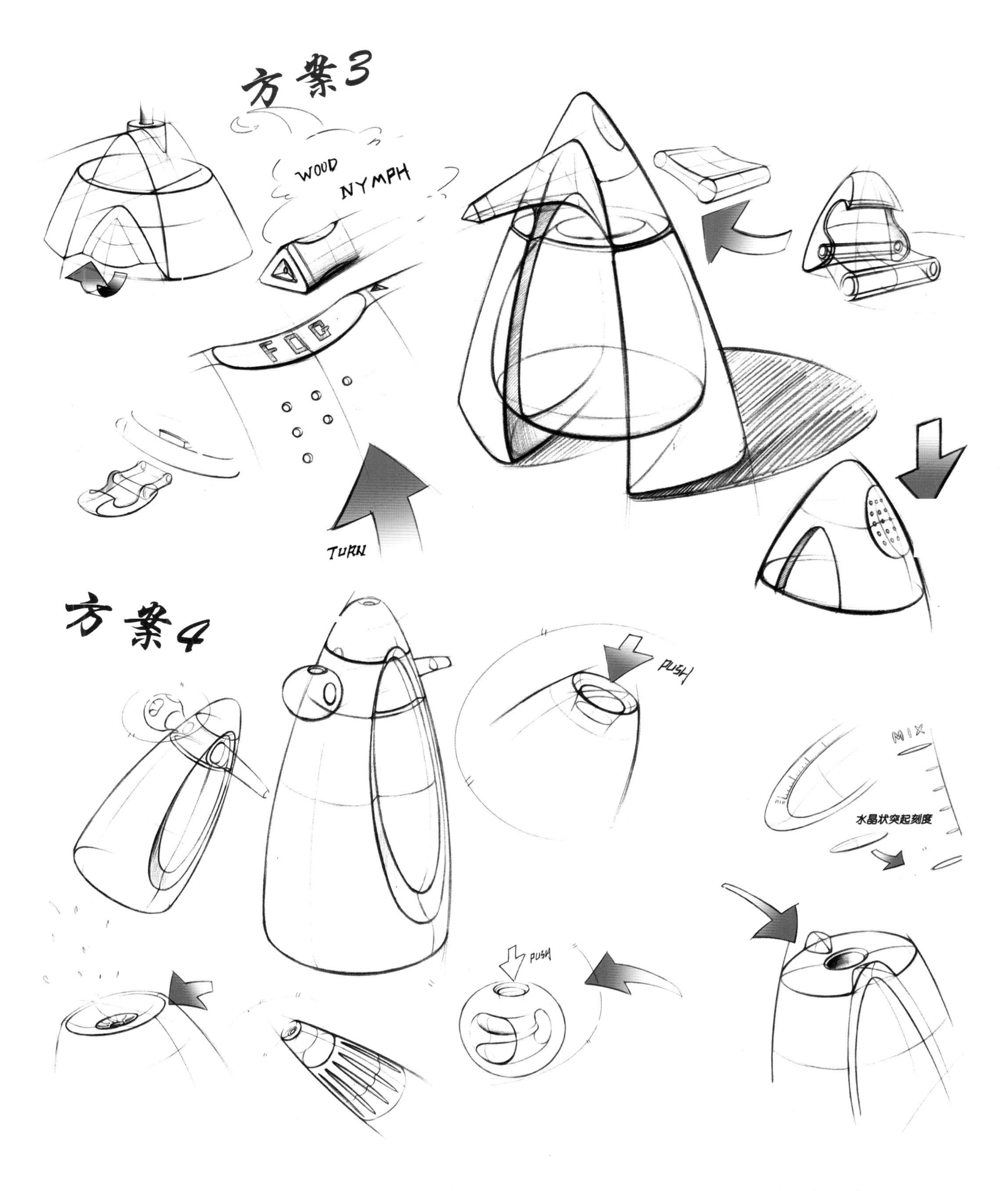
方案3
WOOD
NYMPH
FOG
TURN
方案4
PUSH
MIX
水晶状突起刻度
PUSH

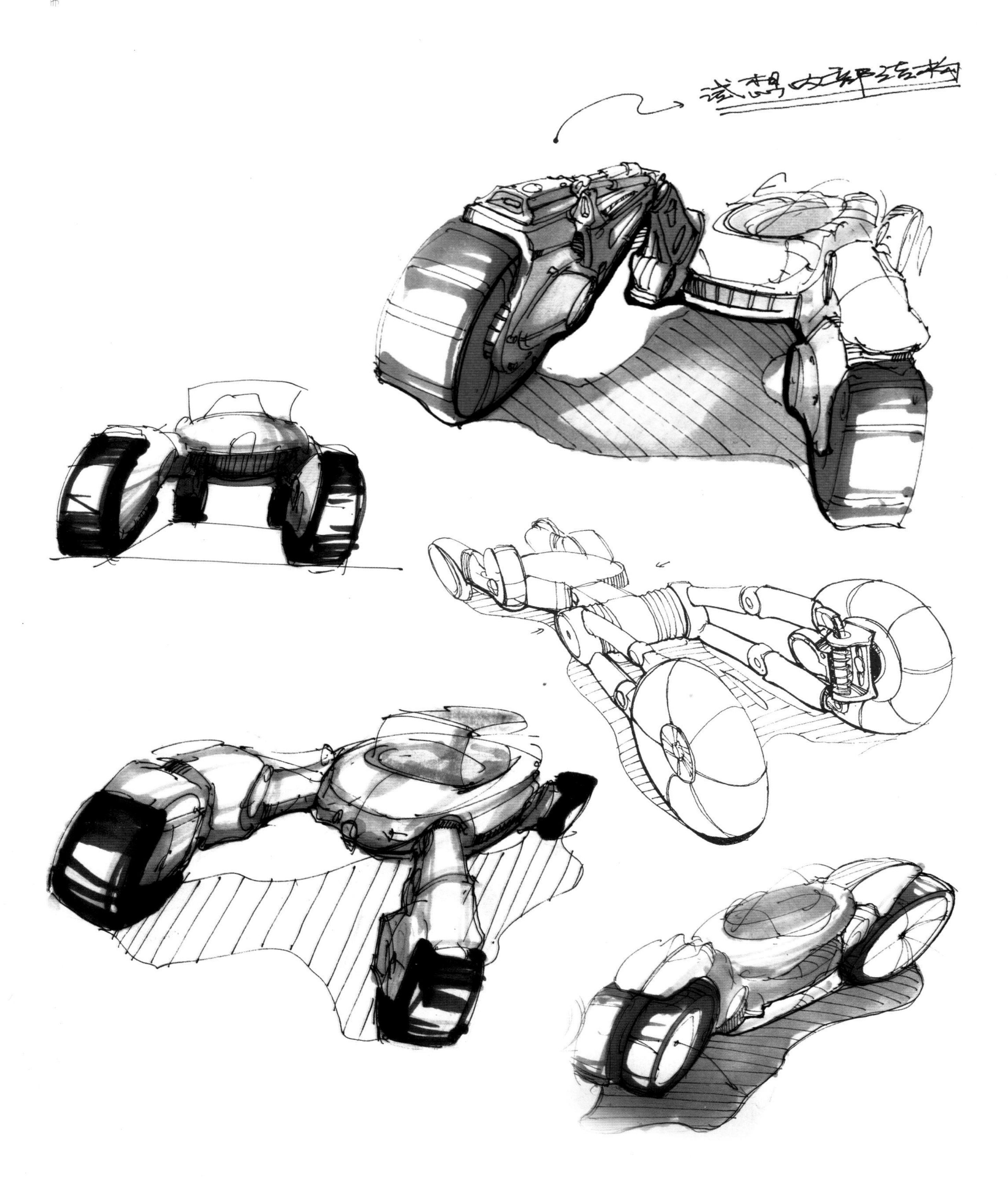
试想内部结构

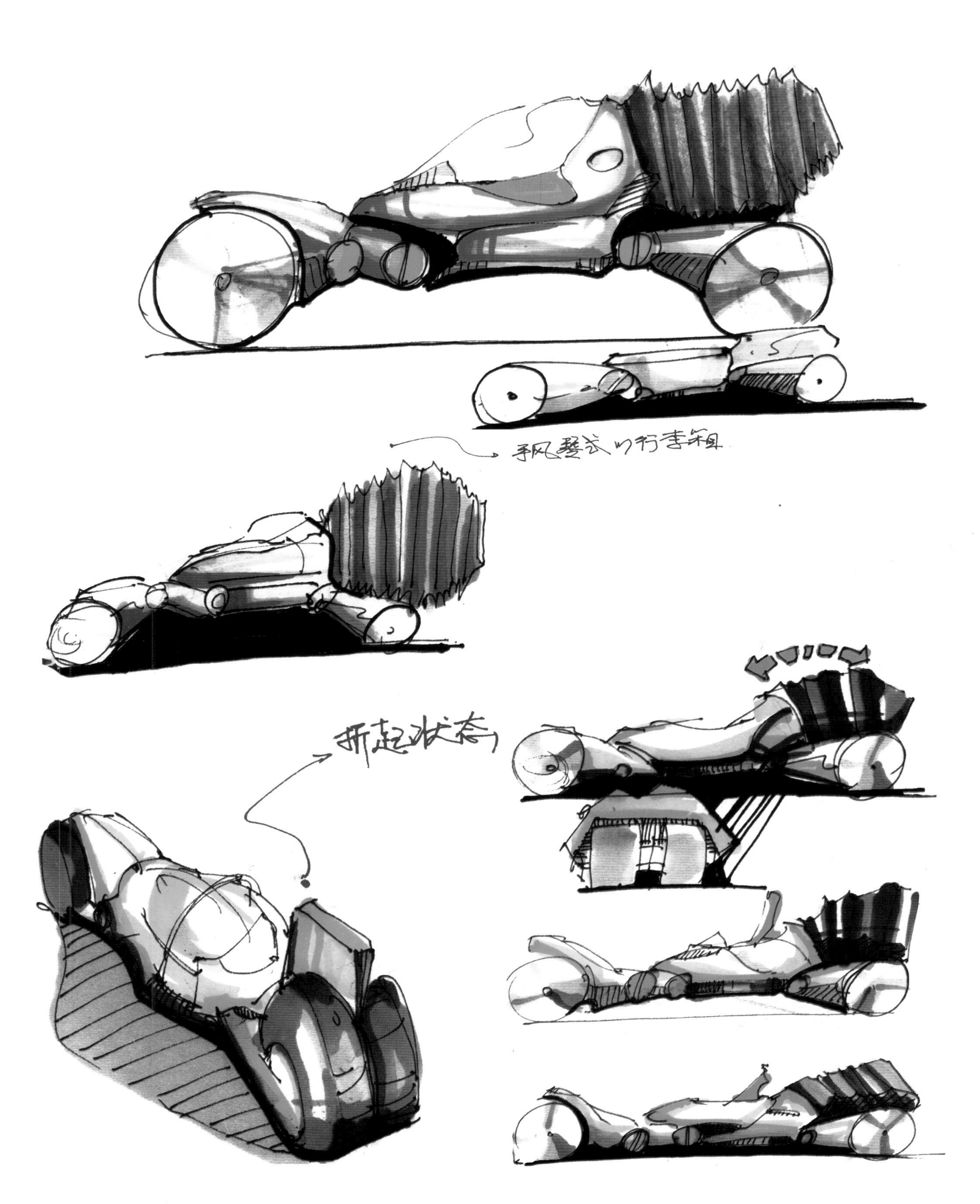
折起状态

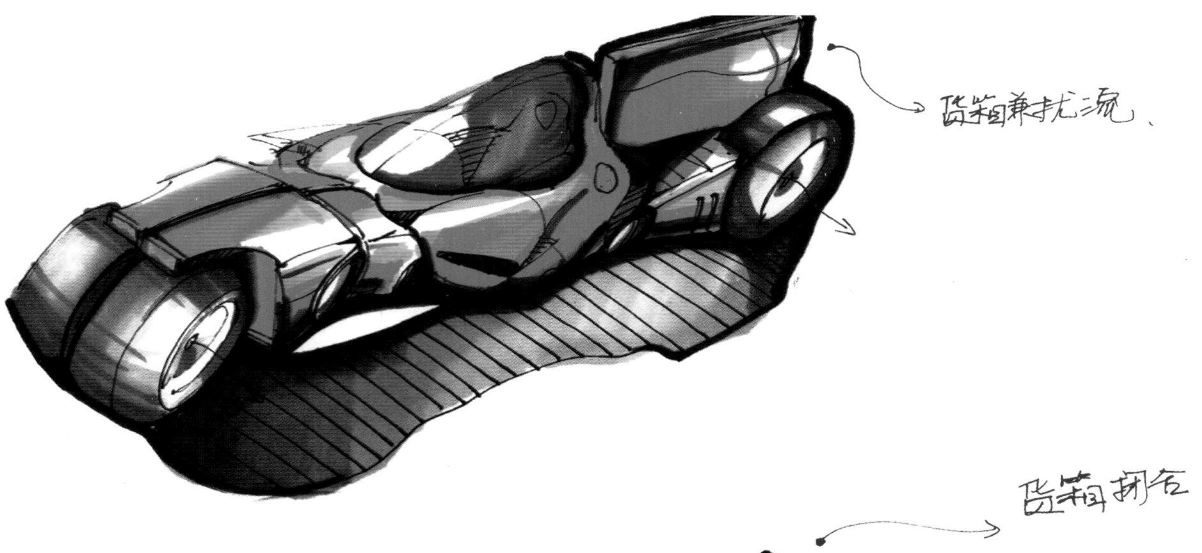
货箱兼扰流、

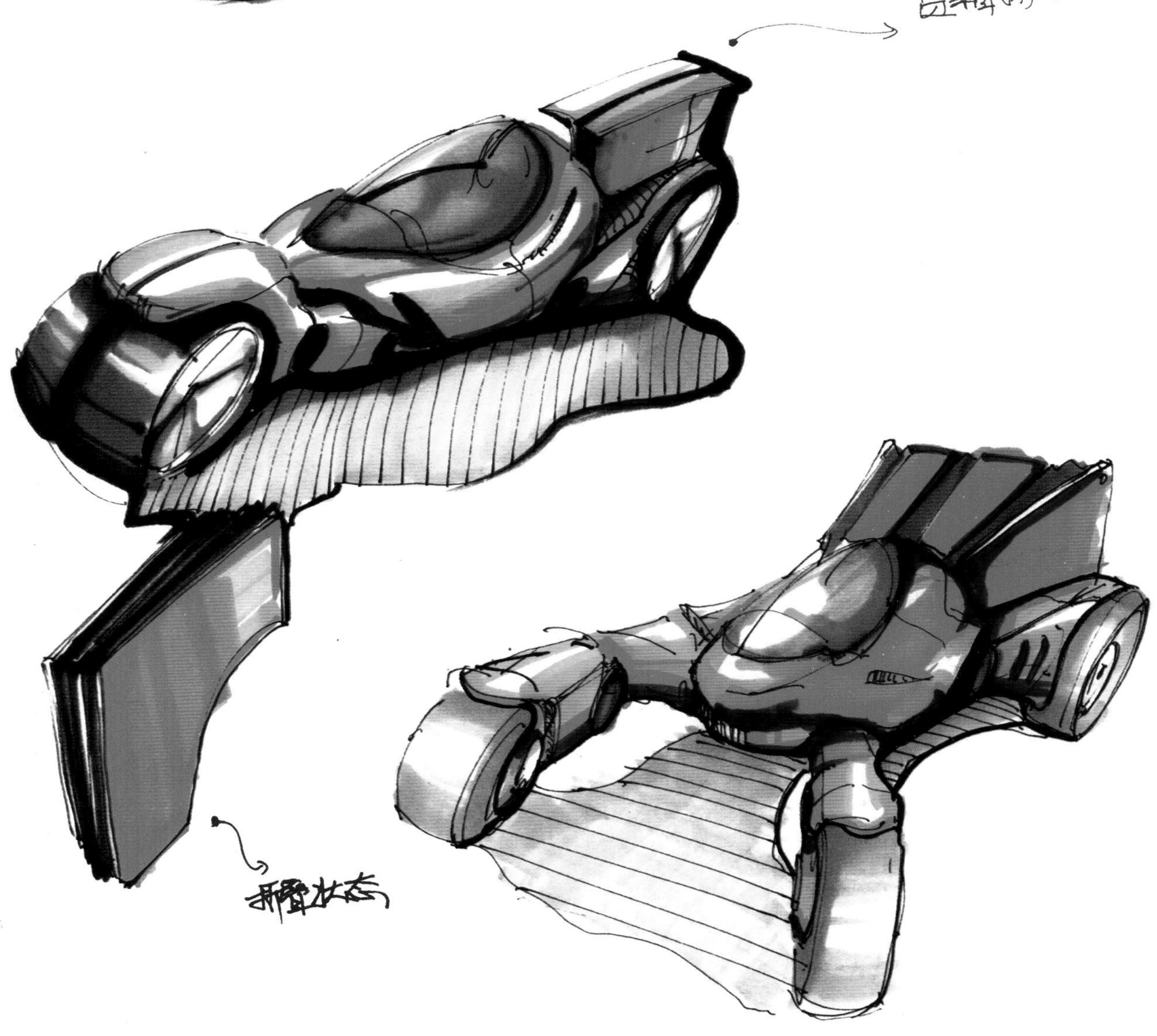
货箱闭合
开臂状态

——第四章——

产品手绘效果图表现的基本技法

第四章　产品手绘效果图表现的基本技法

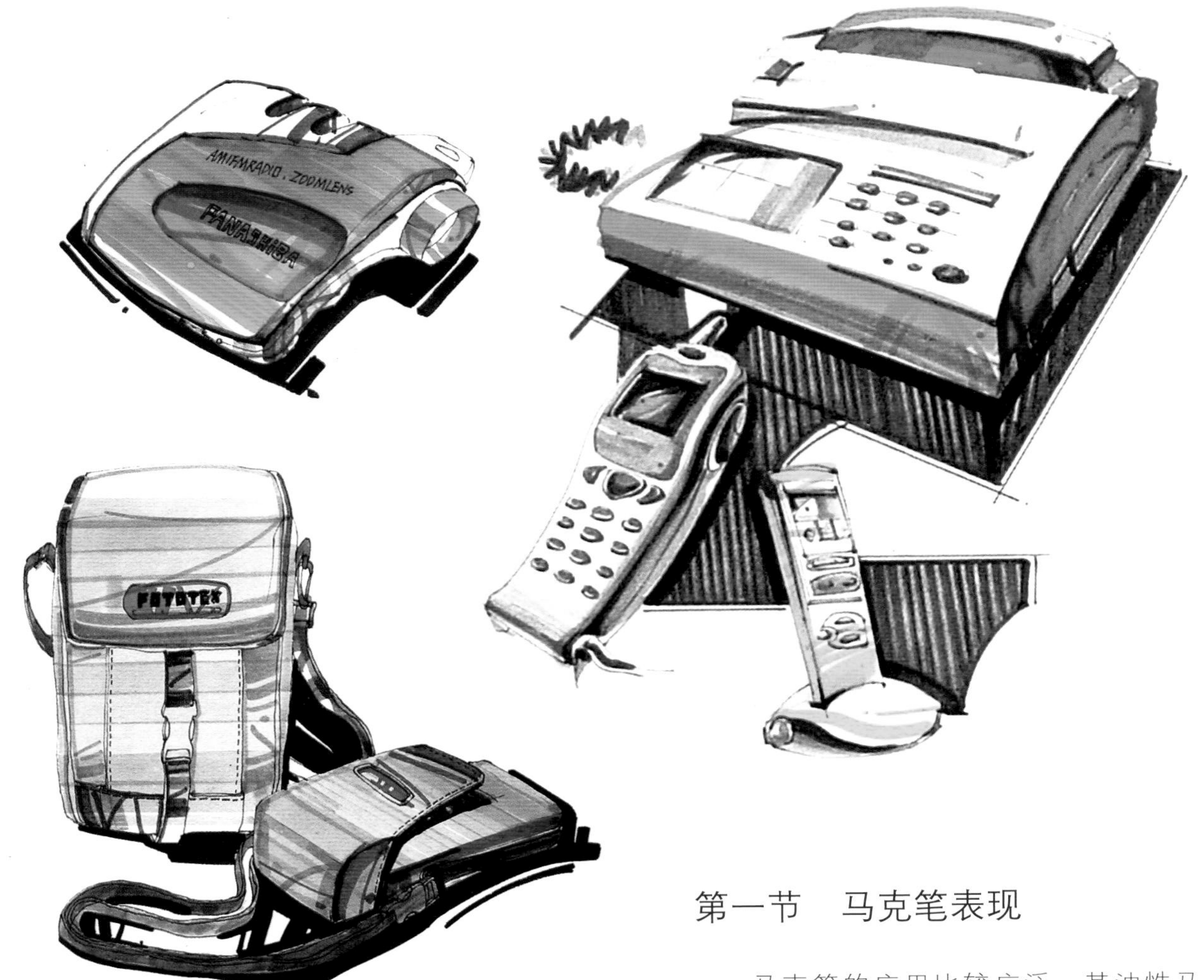

效果图表现技法种类很多，每种技法都有着各自的特点。绘制者常常会根据个人的绘制习惯和工具的选择，配合产品结构和形态的特点选择相应的画法。本部分通过对诸多画法的研究，可让学习者从中寻找适合自己的表现方式及容易掌握的画法，特别是对新方法的研究和借鉴，探寻一种个性风格的舒张。学习者可在初步掌握一种画法的基础上，在思考与实践中，熟练掌握各种工具材料的特性与规律，结合不同画法的长处，以组合应用的角度逐渐形成一种有效的、新的表现方法。

第一节　马克笔表现

马克笔的应用比较广泛，其油性马克笔和水性马克笔的颜色均为透明色彩。它的优越性在于着色简便、速干、绘制流利、可覆盖、成图迅速的特征，具有其他表现技法无可比拟的优势，它已成为快速表现中必不可少的工具之一。同时，马克笔在表现上易与其他工具如彩色铅笔、透明水色、色粉及水粉混合使用，并达到让人耳目一新的表现效果。

马克笔绘制效果图时，通常从浅入深进行着色，其颜色浓重、笔触明显、痕迹清晰。绘制时尽量避免笔触间出现重叠带出深色的条线。在纸张的选用上可根据绘制表现的效果需要，选择素描用纸、水彩用纸、有色纸、马克笔用纸，尤其是白卡纸和漫画原稿纸的使用为最佳。

卢 毅

吕 琳

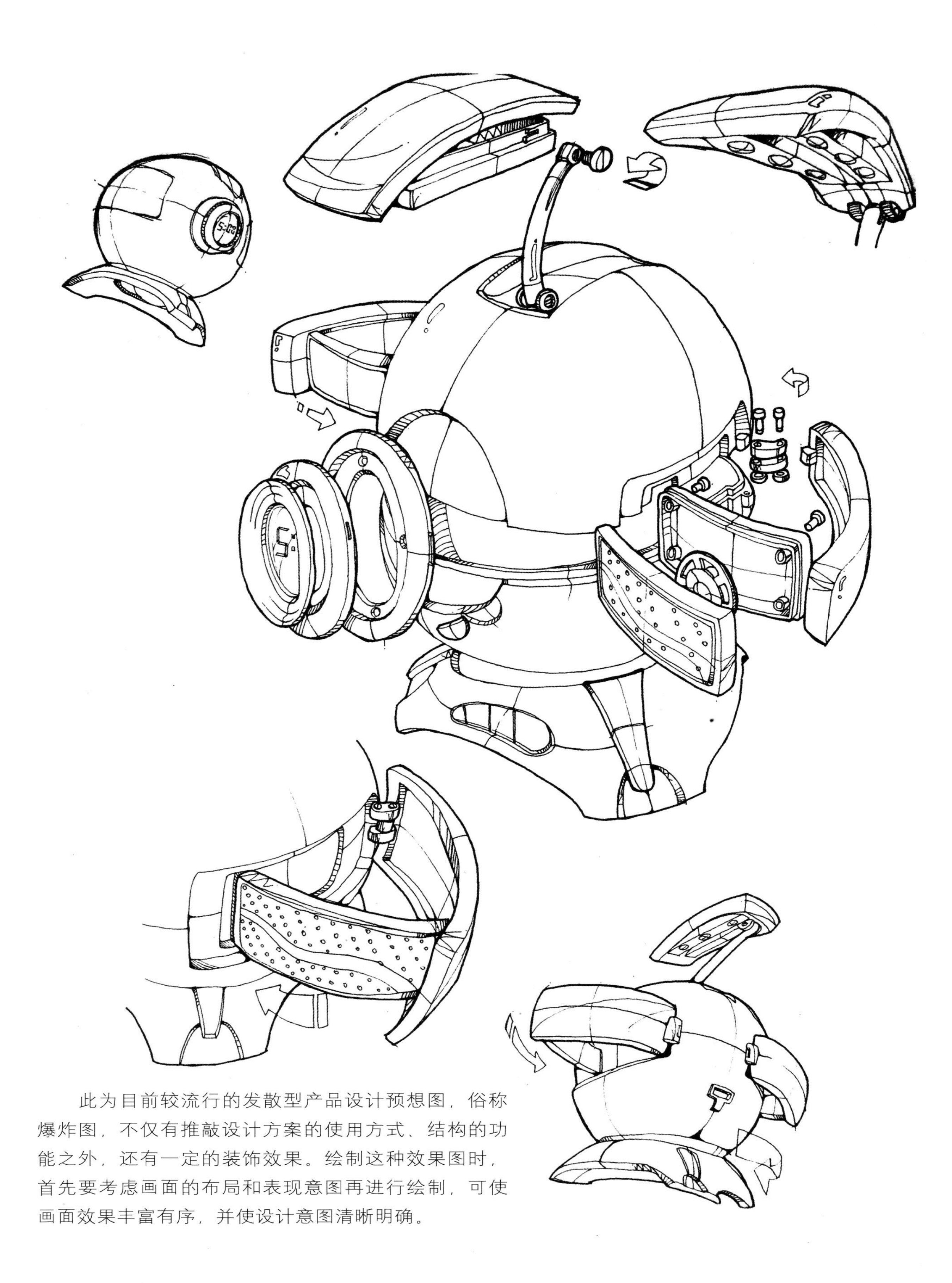

此为目前较流行的发散型产品设计预想图，俗称爆炸图，不仅有推敲设计方案的使用方式、结构的功能之外，还有一定的装饰效果。绘制这种效果图时，首先要考虑画面的布局和表现意图再进行绘制，可使画面效果丰富有序，并使设计意图清晰明确。

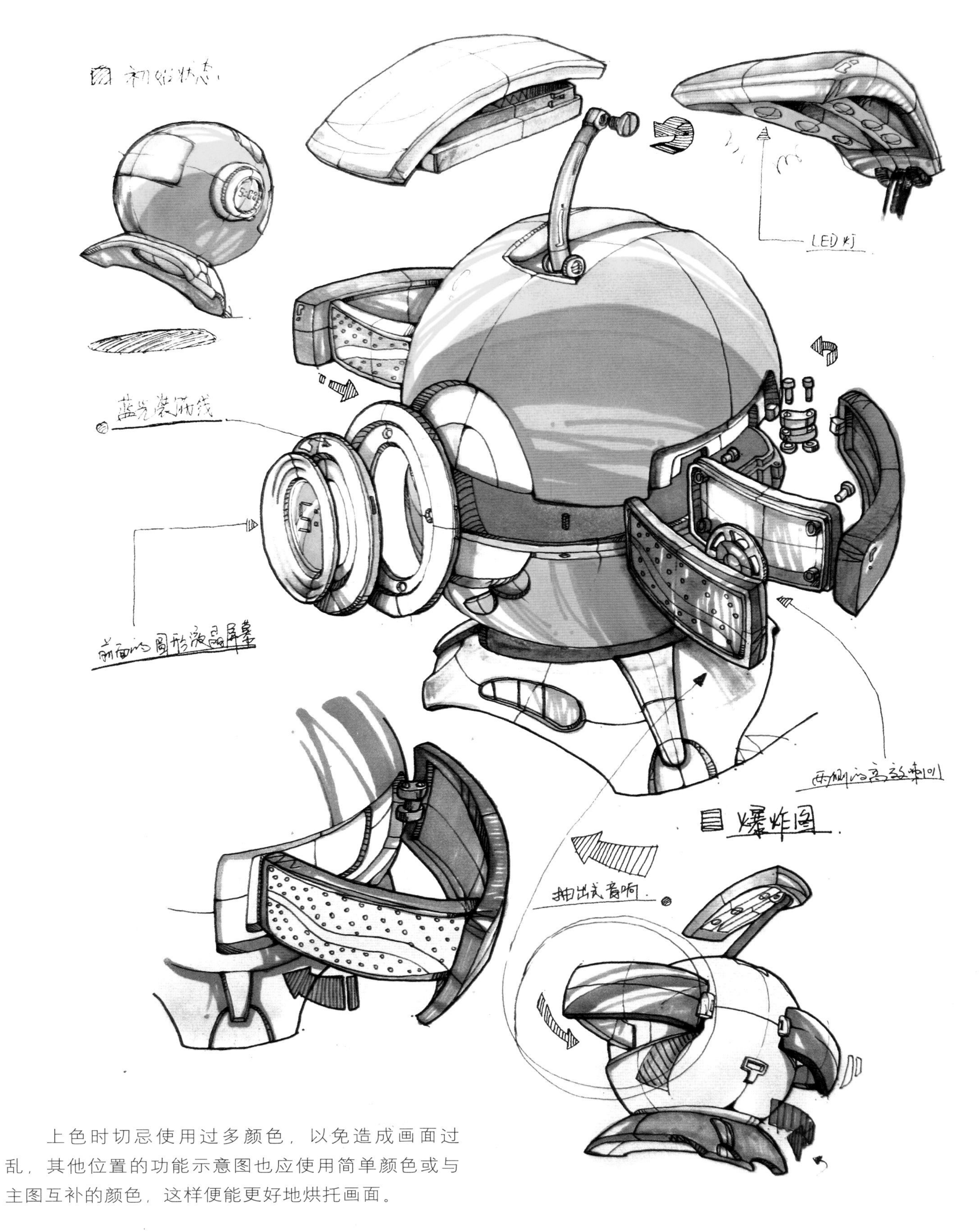

上色时切忌使用过多颜色，以免造成画面过乱，其他位置的功能示意图也应使用简单颜色或与主图互补的颜色，这样便能更好地烘托画面。

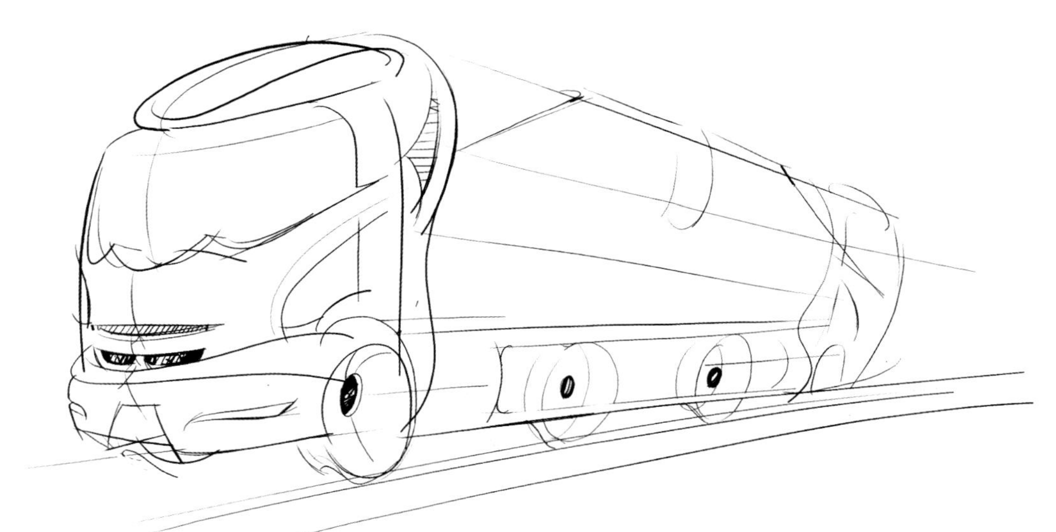

绘制好单色线稿。

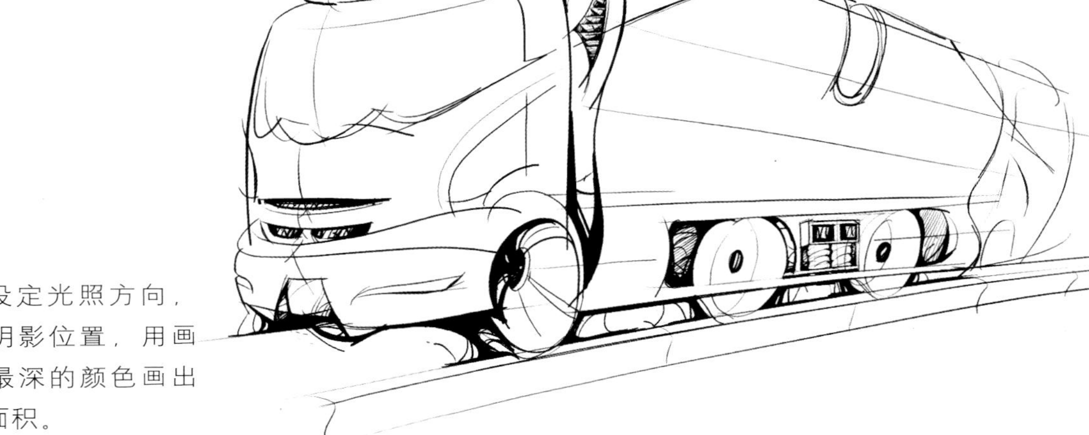

设定光照方向，确定阴影位置，用画面中最深的颜色画出阴影面积。

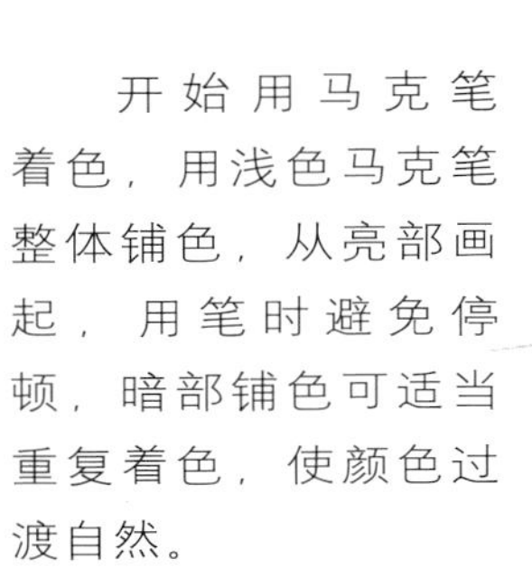

开始用马克笔着色，用浅色马克笔整体铺色，从亮部画起，用笔时避免停顿，暗部铺色可适当重复着色，使颜色过渡自然。

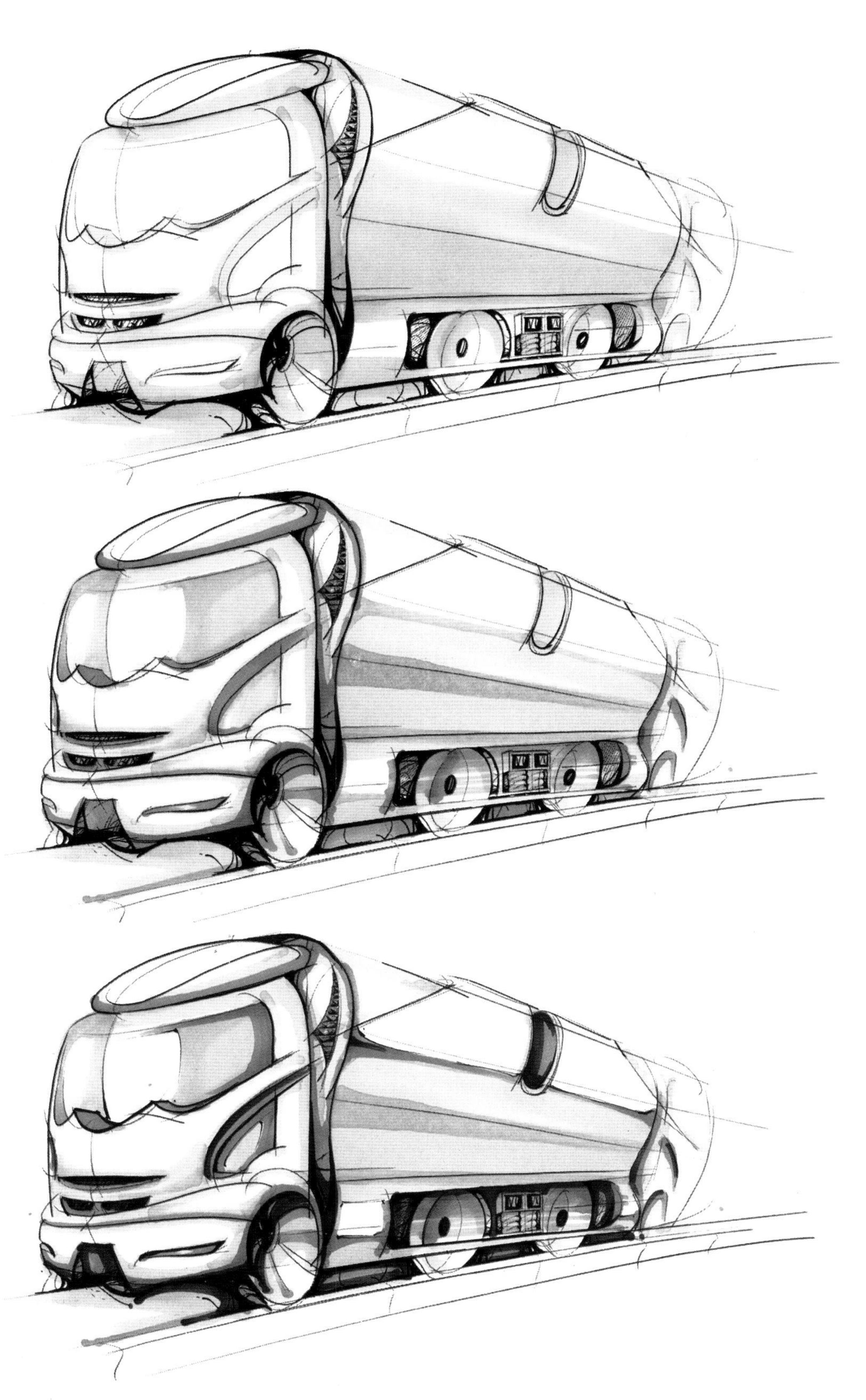

继续使用浅色油性马克笔刻画亮部细节，表现细微结构阴影。

用较深一度的同色系油性马克笔画出产品的暗部，快速运笔，注意在暗部反光位置留白。

最后用较深的同色系油性马克笔丰富画面，表现产品质感，注意画面对高反射材质的表现。

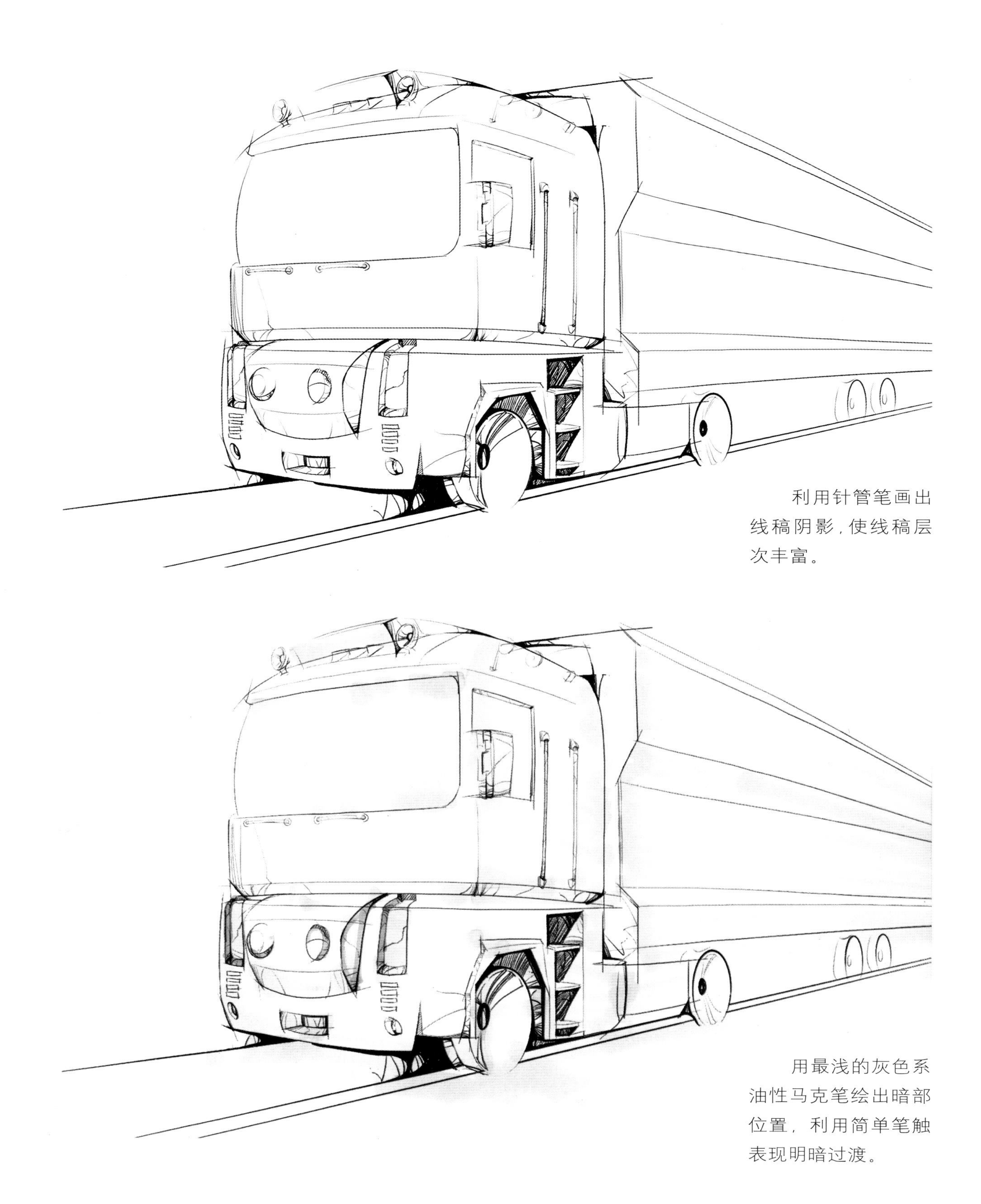

利用针管笔画出线稿阴影，使线稿层次丰富。

用最浅的灰色系油性马克笔绘出暗部位置，利用简单笔触表现明暗过渡。

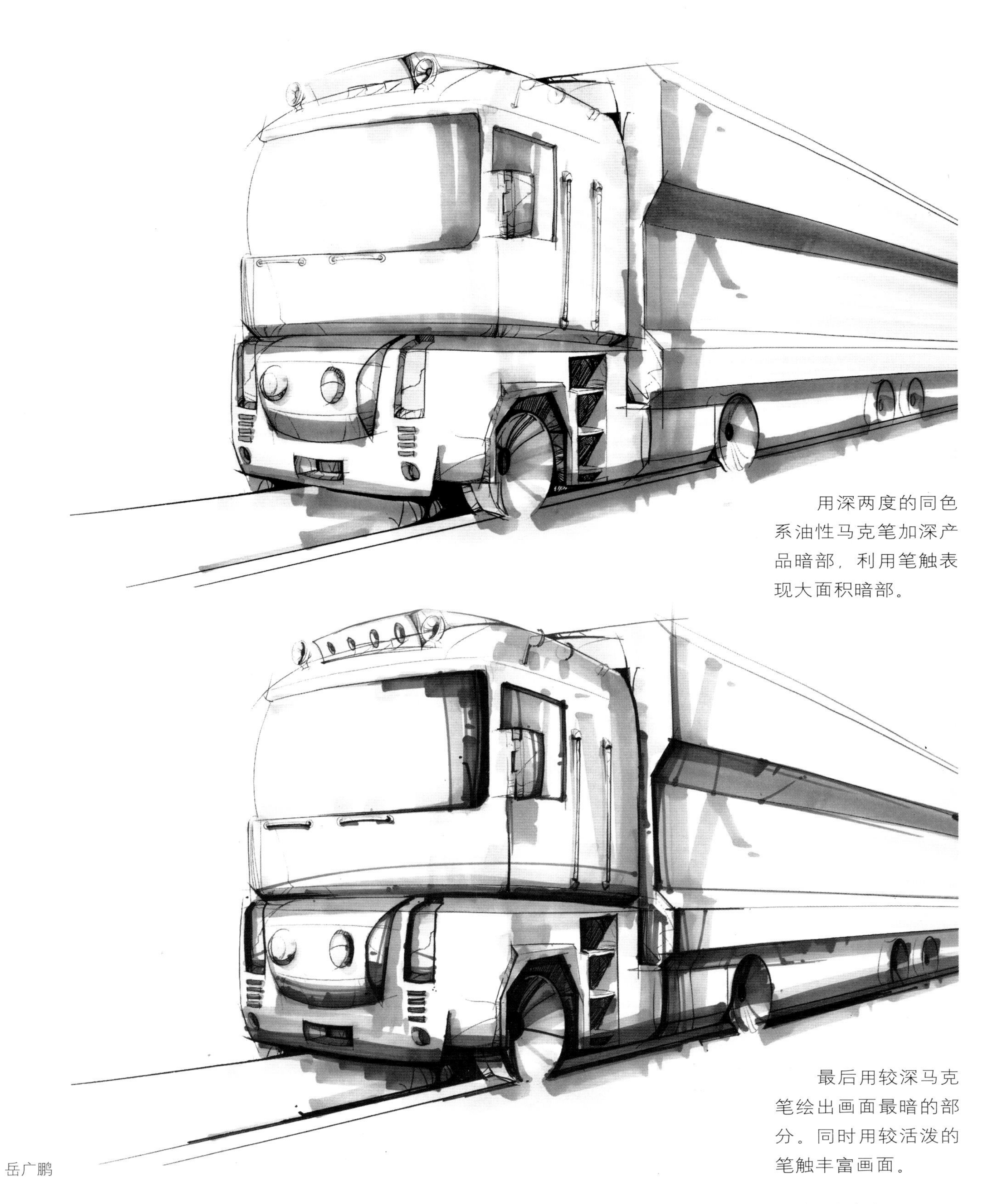

用深两度的同色系油性马克笔加深产品暗部，利用笔触表现大面积暗部。

最后用较深马克笔绘出画面最暗的部分。同时用较活泼的笔触丰富画面。

岳广鹏

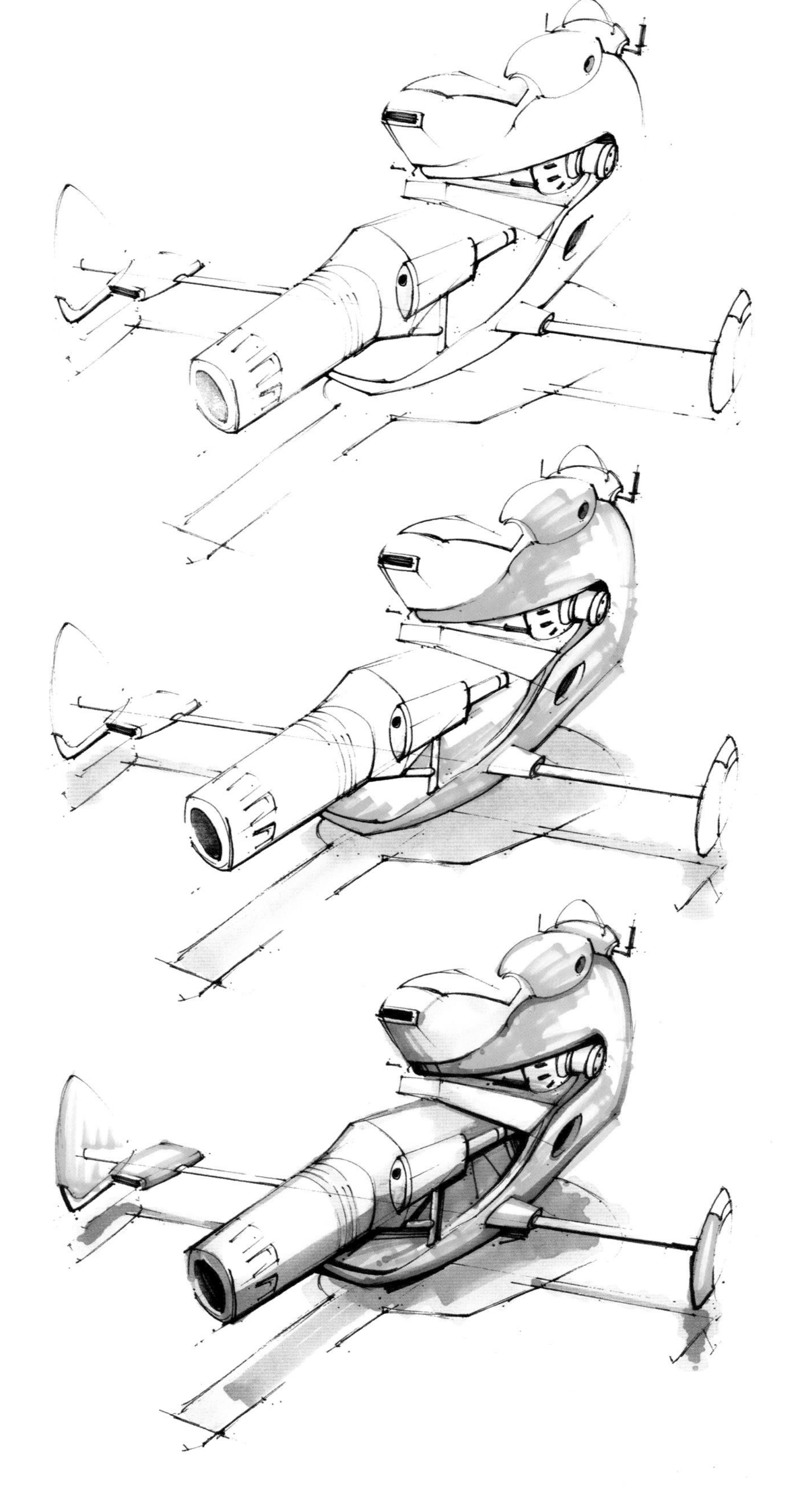

绘制线稿。

根据产品颜色的轻重选择铺色所使用的马克笔，由于产品的自身颜色较浅，所以直接用蓝色系马克笔铺暗部颜色。

使用同灰度不同颜色的马克笔同时加深产品暗部和地面阴影。

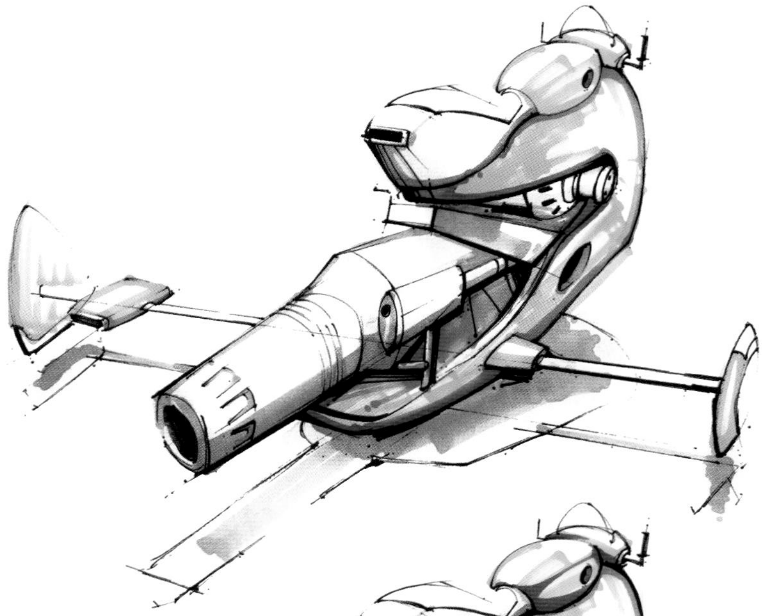

调整暗部与亮部面积。

用较之前深两度的蓝色和灰色马克笔确定阴影及暗部轮廓。

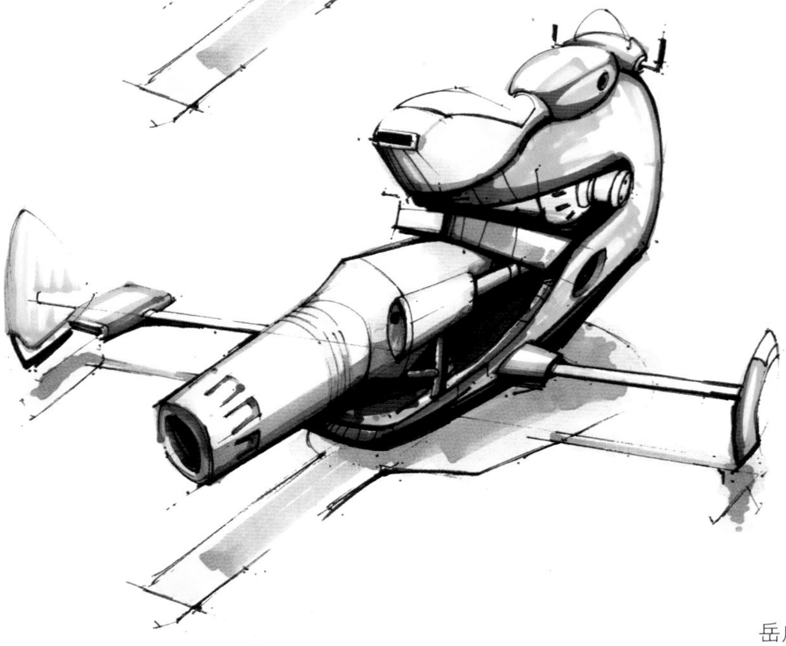

最后用重色统一色彩。加强空间及层次，注意多色画面的颜色过渡。

岳广鹏

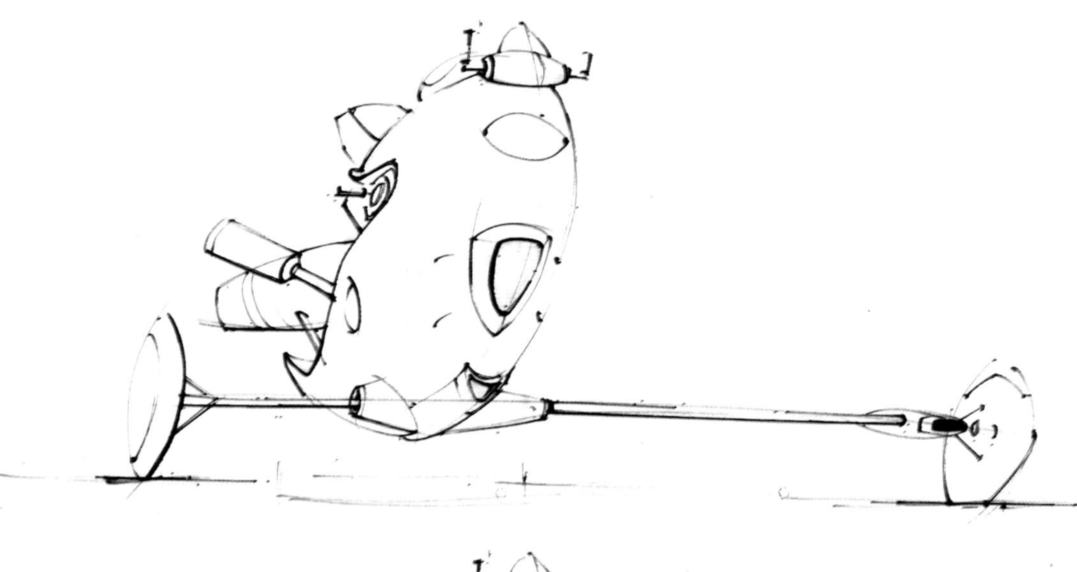

勾画线稿。

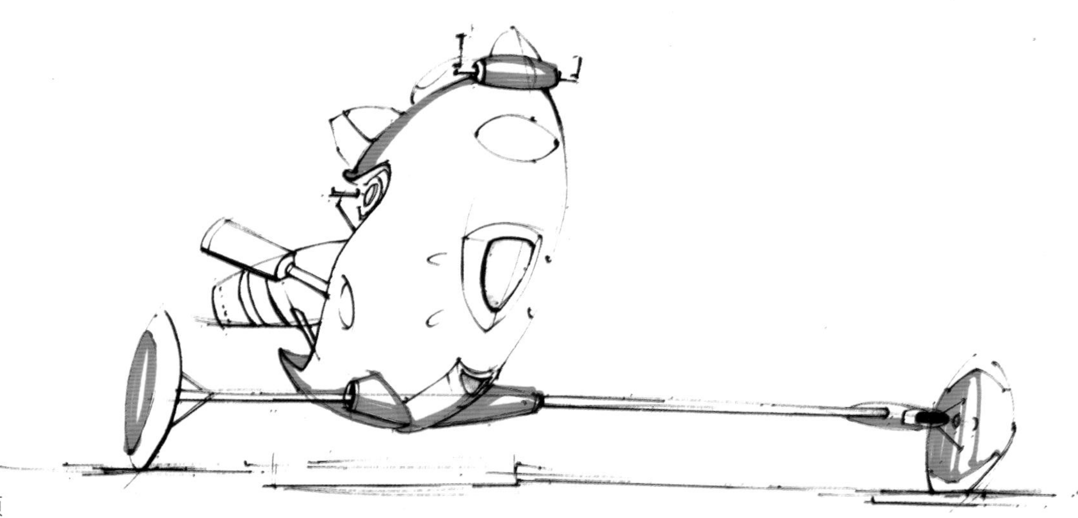

用较纯的颜色确定暗部位置。

注意：可利用控制用笔速度和笔头不同的面积的使用，用一支马克笔表现阴影的变

绘制地面阴影。

使 用 中 灰 度
马克笔加强暗部刻
画。

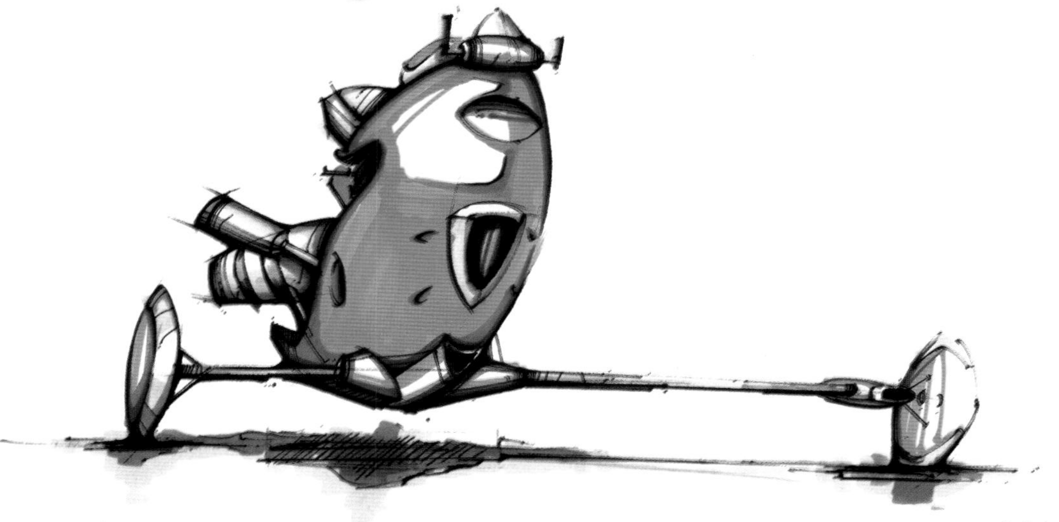

继 续 使 用 中
灰度马克笔丰富画
面层次完成创作。

曹伟智

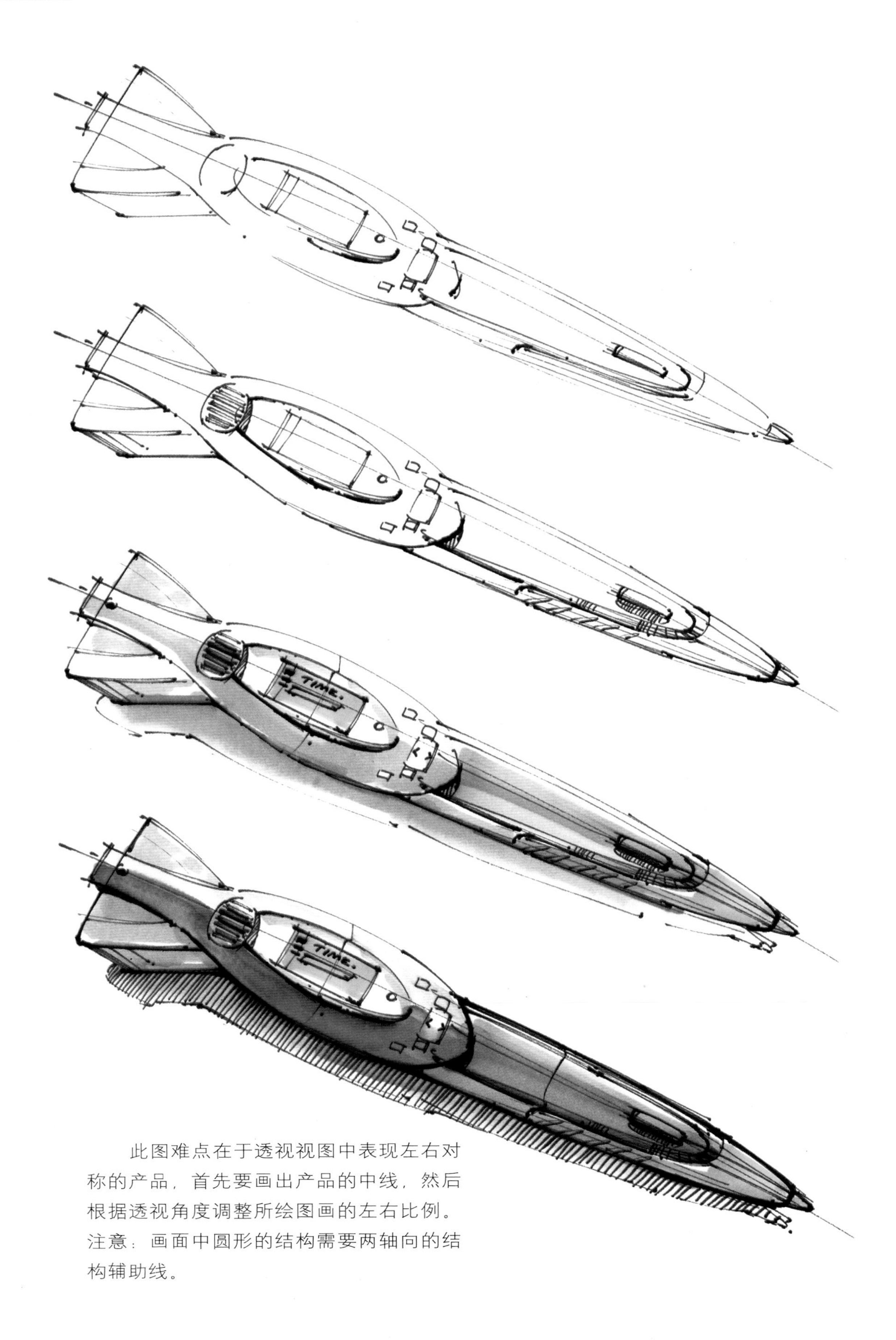

此图难点在于透视视图中表现左右对称的产品，首先要画出产品的中线，然后根据透视角度调整所绘图画的左右比例。注意：画面中圆形的结构需要两轴向的结构辅助线。

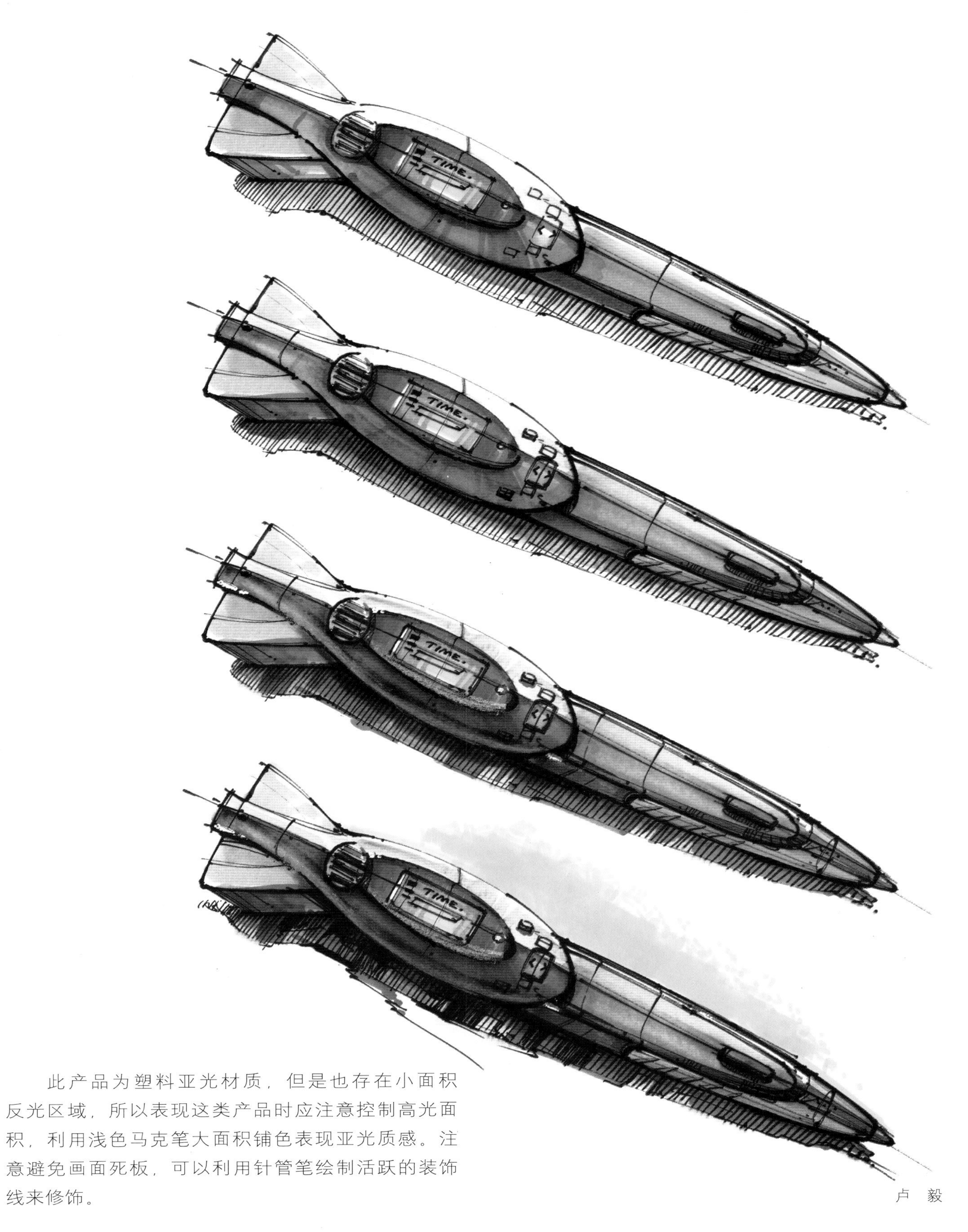

此产品为塑料亚光材质，但是也存在小面积反光区域，所以表现这类产品时应注意控制高光面积，利用浅色马克笔大面积铺色表现亚光质感。注意避免画面死板，可以利用针管笔绘制活跃的装饰线来修饰。

卢　毅

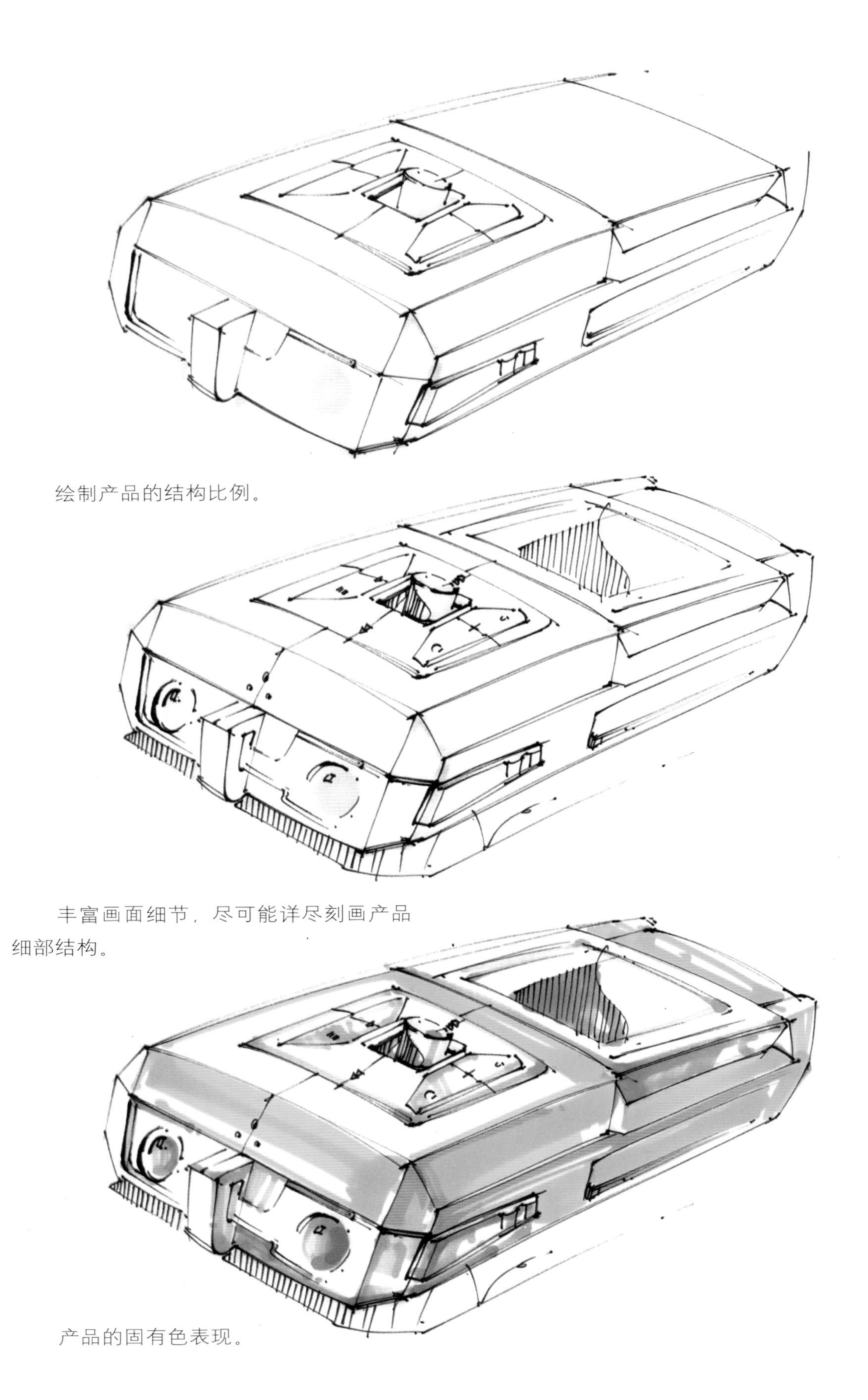

绘制产品的结构比例。

丰富画面细节，尽可能详尽刻画产品细部结构。

产品的固有色表现。

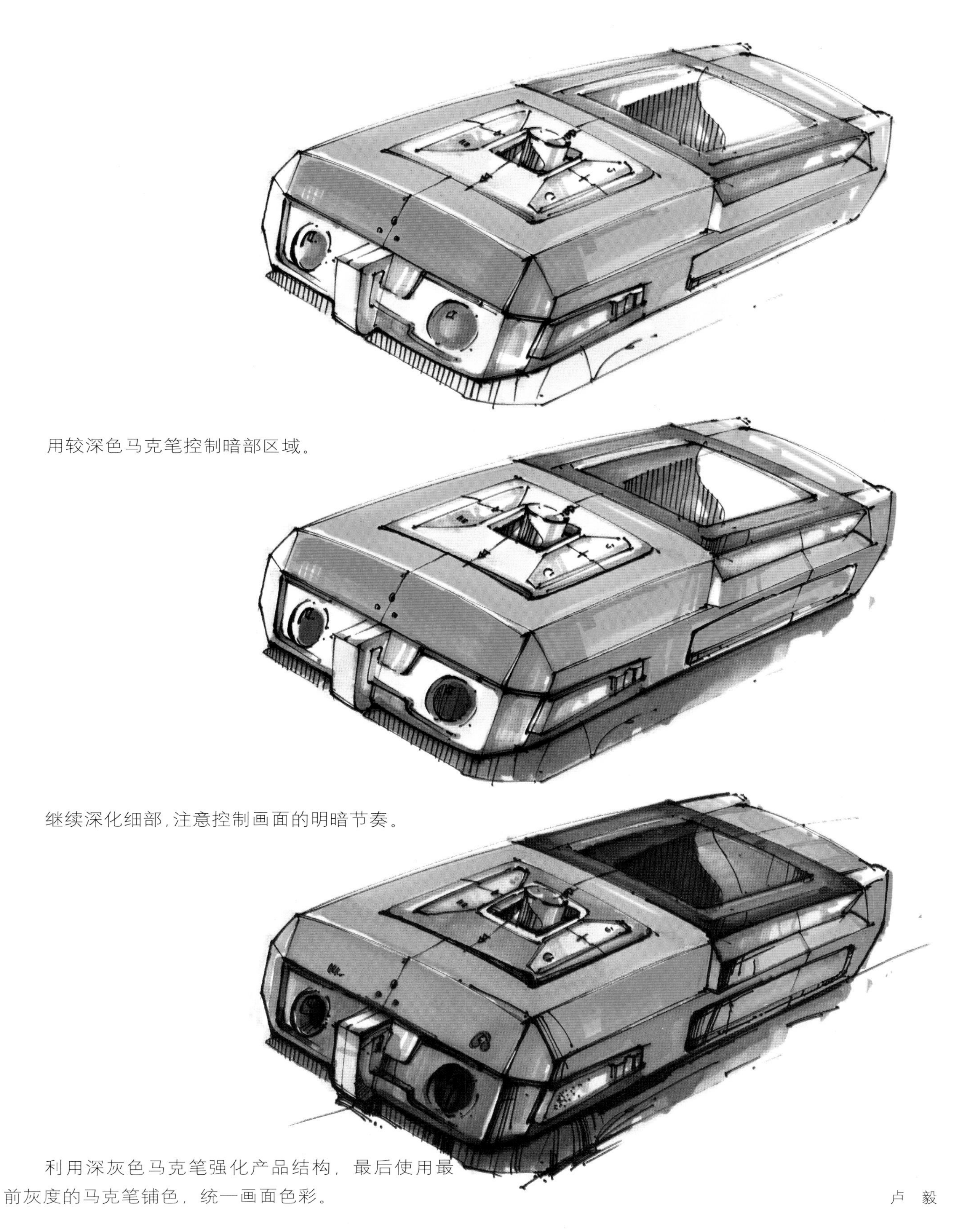

用较深色马克笔控制暗部区域。

继续深化细部,注意控制画面的明暗节奏。

利用深灰色马克笔强化产品结构，最后使用最前灰度的马克笔铺色，统一画面色彩。

卢　毅

第二节　透明水色表现

透明水色的绘制通常是在针笔稿完成的基础上进行，着色一般由浅入深，逐层深入。透明水色所使用的纸张一般选用较为厚实的纸质。表现时以水为主加少量颜色，控制性地运笔，将会在画面上出现生动自然、层次丰富的融合润染效果，富有表现力。透明水色着色一般一遍完成，局部可进行两至三遍的覆盖，切勿过多层次的叠加及反复修改。透明水色控制的关键在于用水量大小，水多不易干透，水少则出现过多笔触，不易表现光滑质感。

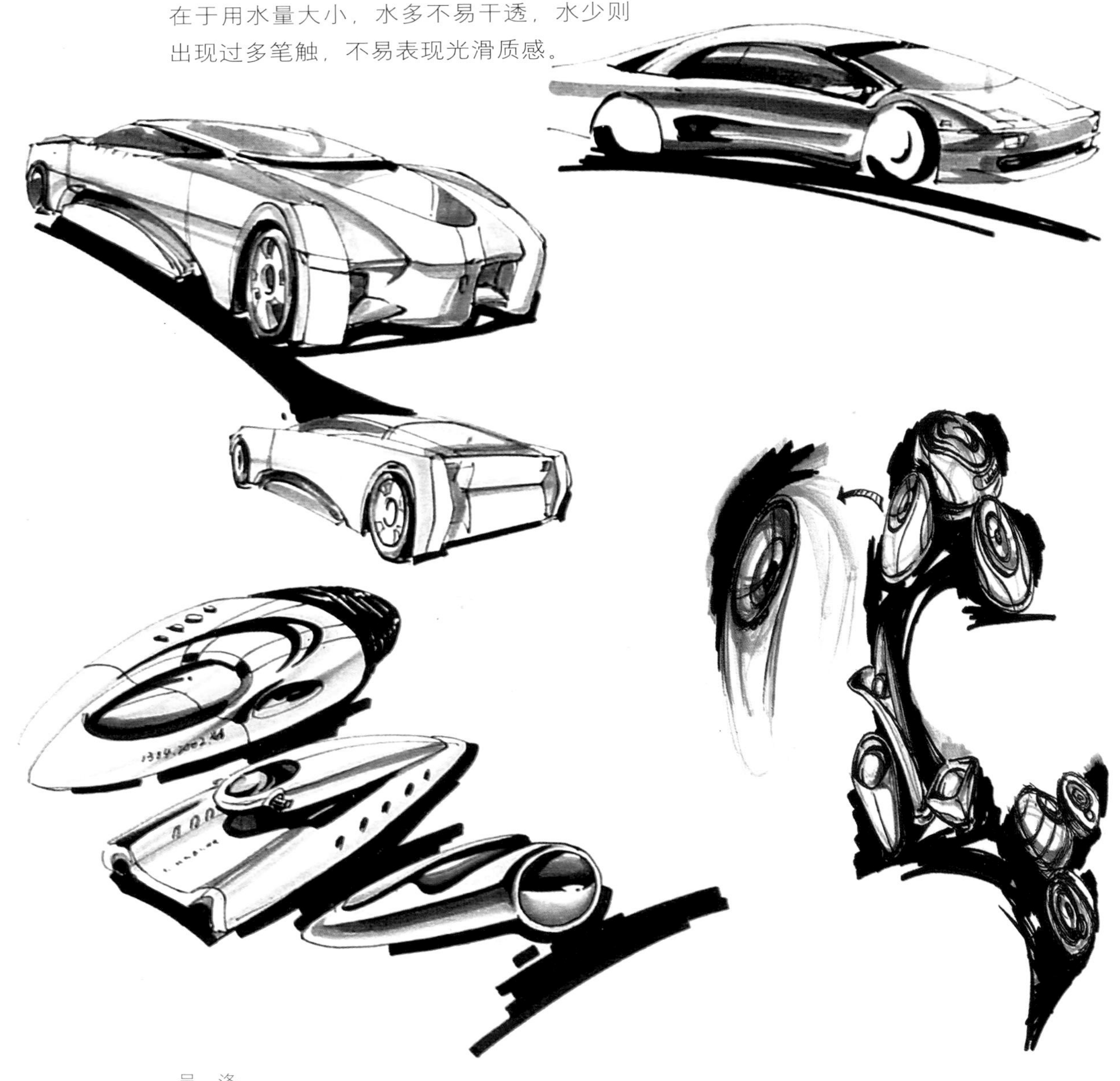

吴　涤

设计表现过程离不开对材料质感的描绘。它是效果图快速表现的关键。不同线条可以表达不同的质感，学习的时候要从中深刻体会，以适合个人特点的表现方式多加练习，同时注意运笔的疏密变化。

信 众

刘闻明

PROGAIN

李 丹

第三节　色粉表现

色粉笔属于颗粒粉状材料，适合大面积的铺开使用，色粉笔表现可产生喷绘的效果，明暗过渡均匀。多种色粉可以相混，为画面提升生动自然的效果。通常与马克笔结合使用，可根据不同的要求表现出不同的质感。在纸张的选择上尽量使用纸质细腻、不易起毛的纸张。涂抹的方式根据个人习惯与表现效果的不同，可直接采用手指涂抹、毛刷涂抹、棉或软质纸巾涂抹等方式。色粉的特点是色调清新生动，透气性好，注意涂抹的次数不宜超过三次。

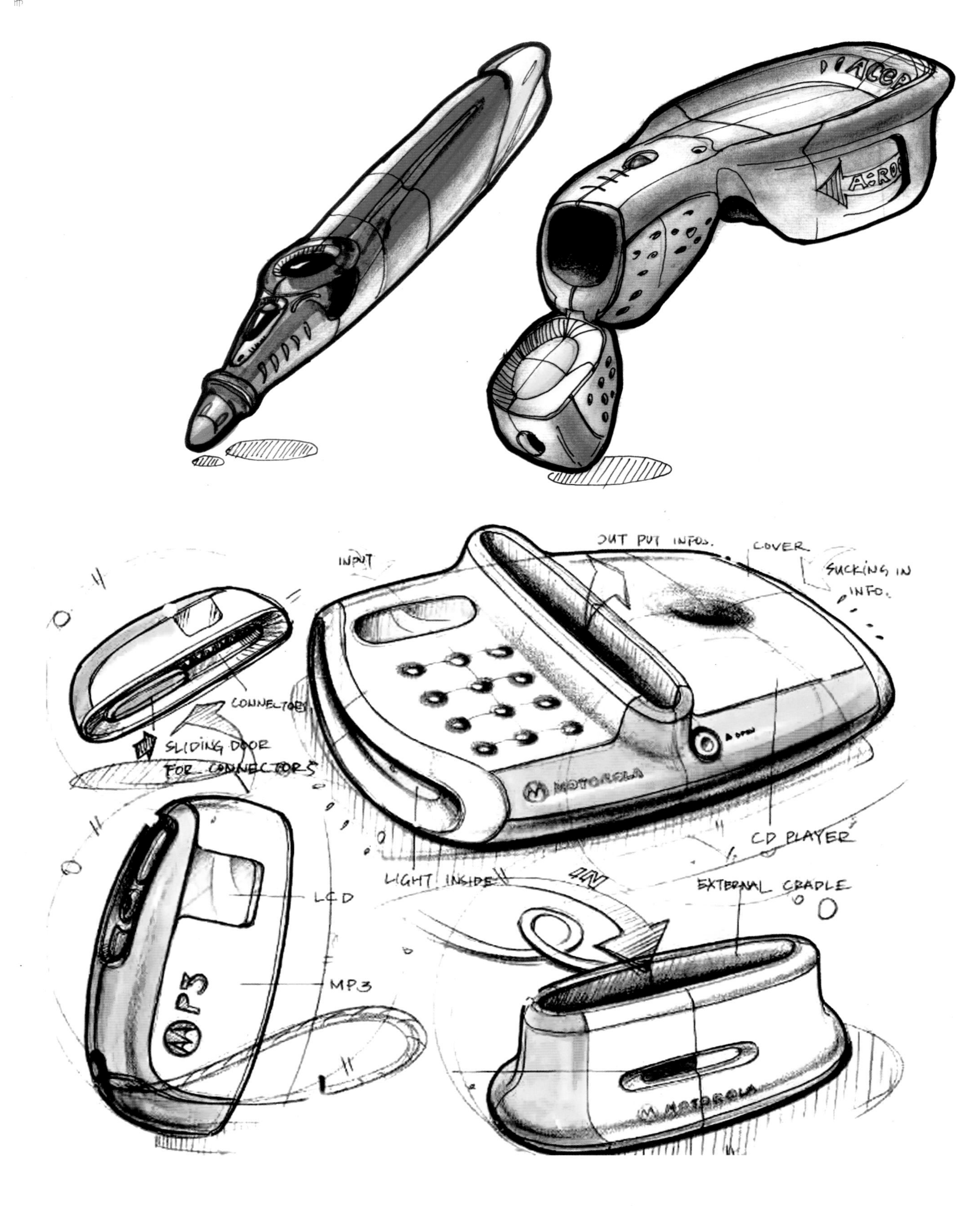
OUT PUT INFOS.
COVER
INPUT
SUCKING IN INFO.
CONNECTOR
SLIDING DOOR FOR CONNECTORS
MOTOROLA
CD PLAYER
LIGHT INSIDE
EXTERNAL CRADLE
LCD
MP3
MOTOROLA

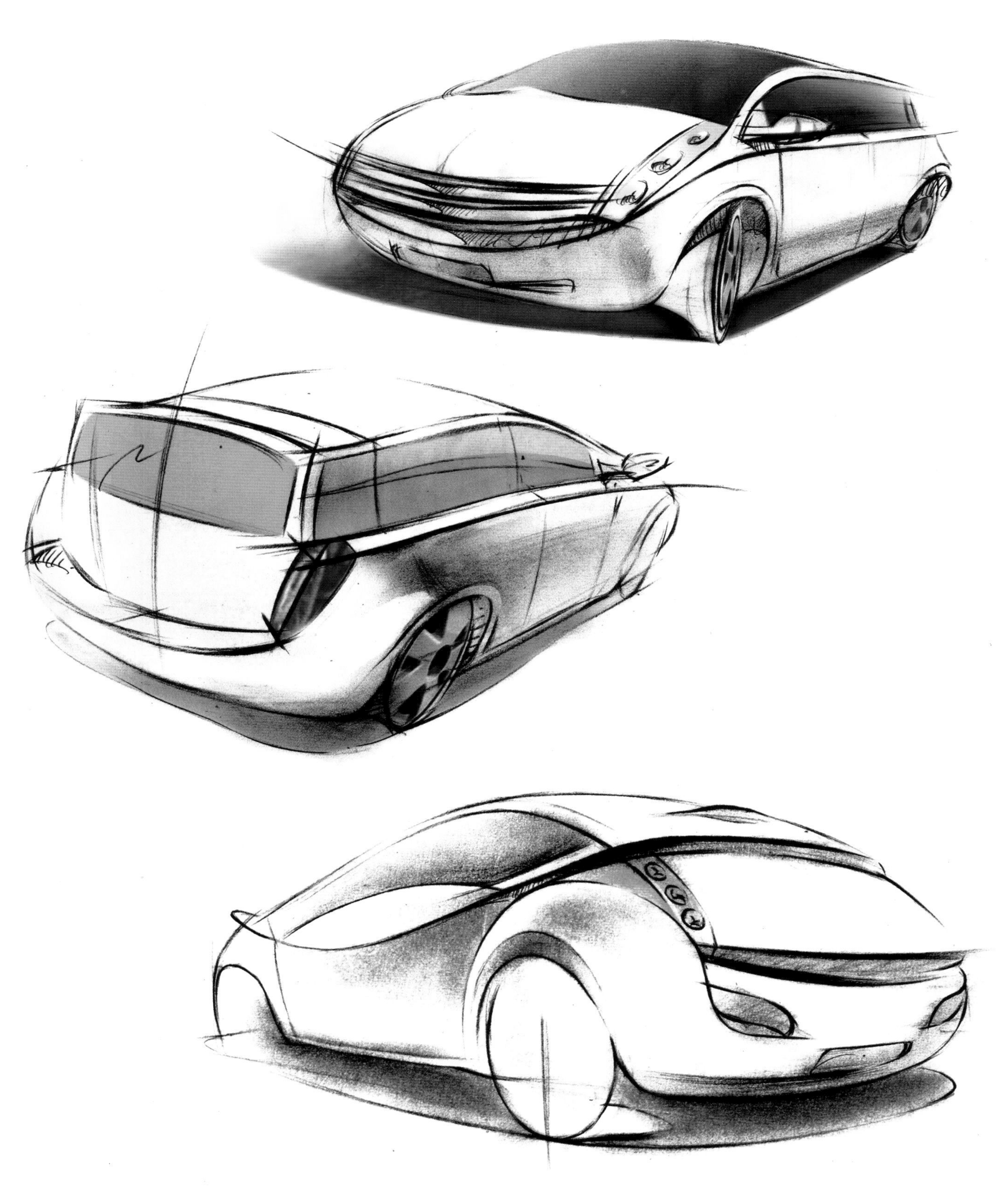

王大雪

色粉背景表现下的浓淡变化轻松地衬托出摩托车的空间关系，同时也营造了一种动与静的平衡感。

第四节　正投影法

这是一种作图简便而又能较充分说明设计要求的直观立体绘图方法。它是根据机械制图原理，在平面投影图上，以单一视图或多角度视图的形式画出产品的形态与结构，然后再进行明暗或色彩方面的处理。这种方法不需要求作透视图，所以，产品的比例、尺度比较准确直观。

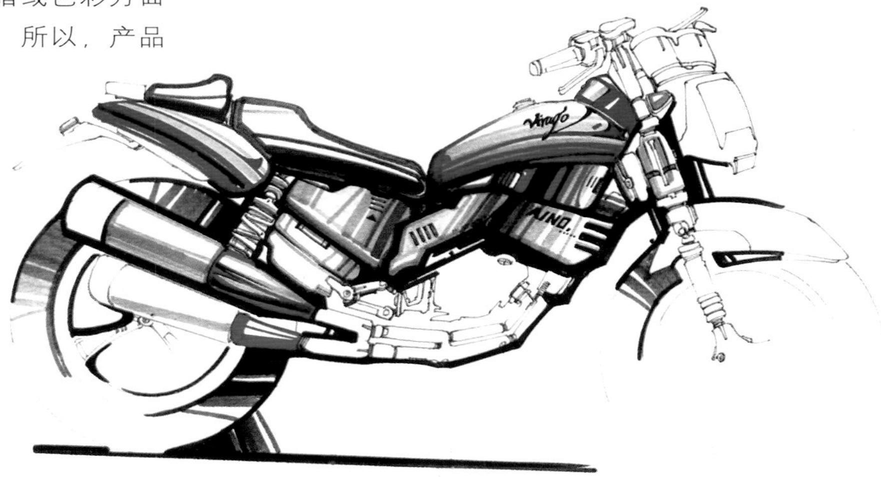

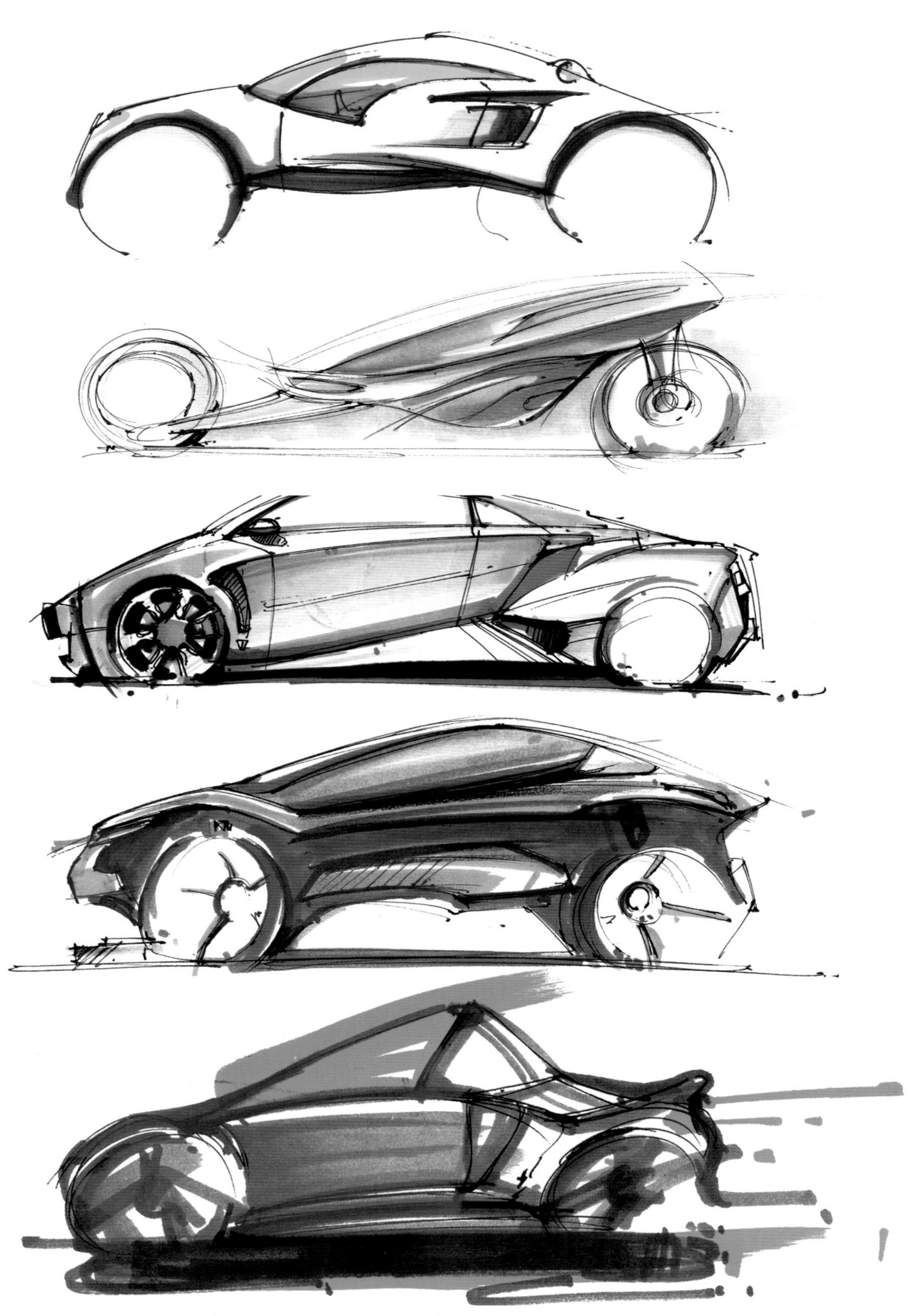

卢　毅

曹伟智

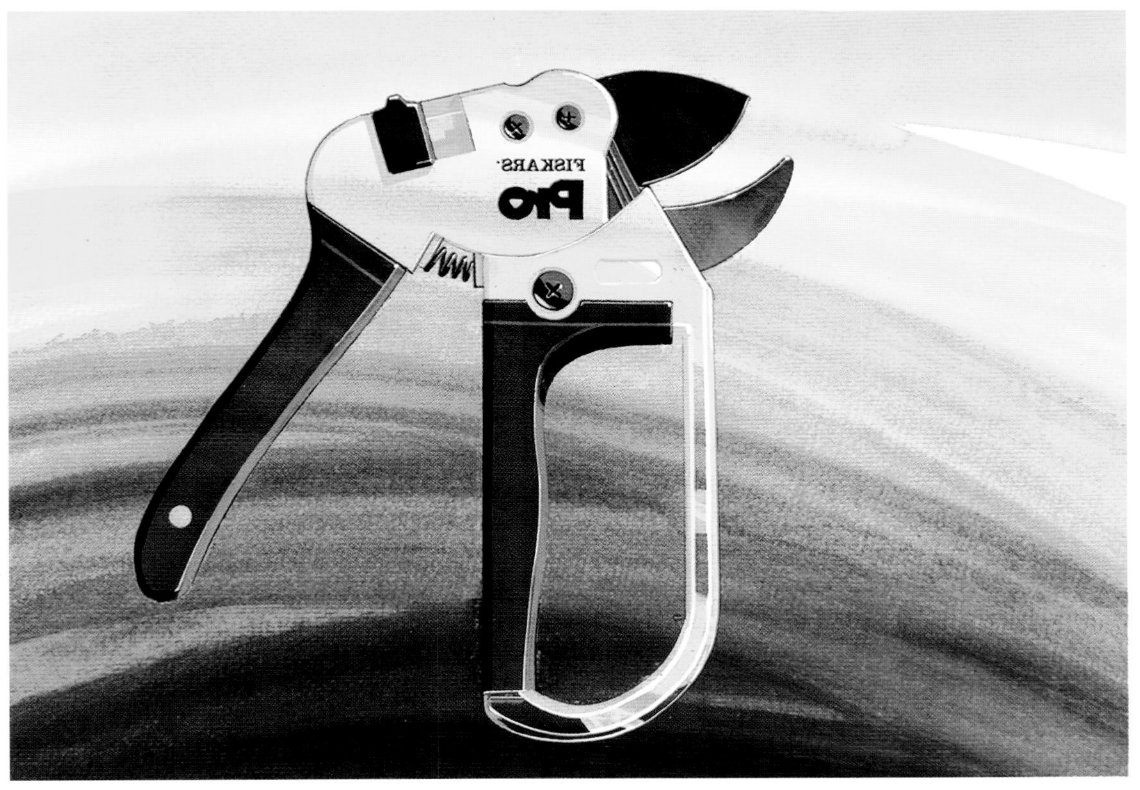

姜　振

FES
FES
FES

第五节　彩色铅笔表现

彩色铅笔的淡彩表现以清晰淡雅的线条作为基本的造型语言。绘制过程中，利用彩色铅笔的固有特性，进行多种色彩的重叠表现，可创造出更为丰富的色彩表现效果。彩色铅笔的运笔、线条排布上要绘制均匀，尽可能避免交叉线条的存在，特别是垂直交叉的形式。如果在有色纸上完成，还会出现一种畅快自然之感。彩色铅笔的表现方法是以单线的形式局部加些暗调，常用的是彩色铅笔与针笔的结合，要控制好彩色铅笔的色彩种类，一般不超过三种颜色。有色纸的底色可以直接作为要表现物体的中间色调。此种方法高光处尽量要控制少画或不画。彩色铅笔表现的不足之处在于其颜色较淡、饱和度低。此外还有一种水溶性彩色铅笔，在绘制时利用其可溶水的特点，用水涂色使画面出现浸润感。

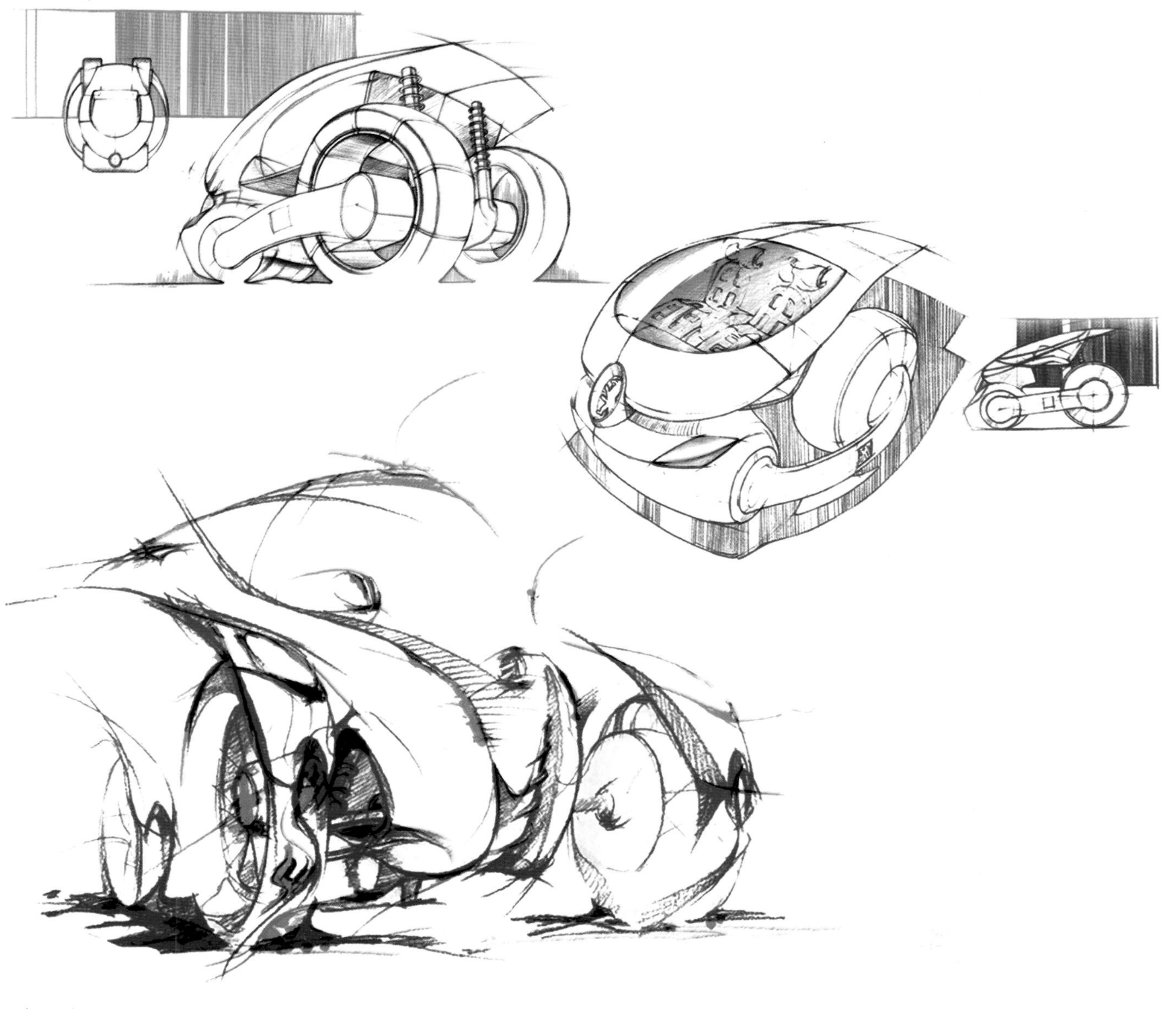

张　跃

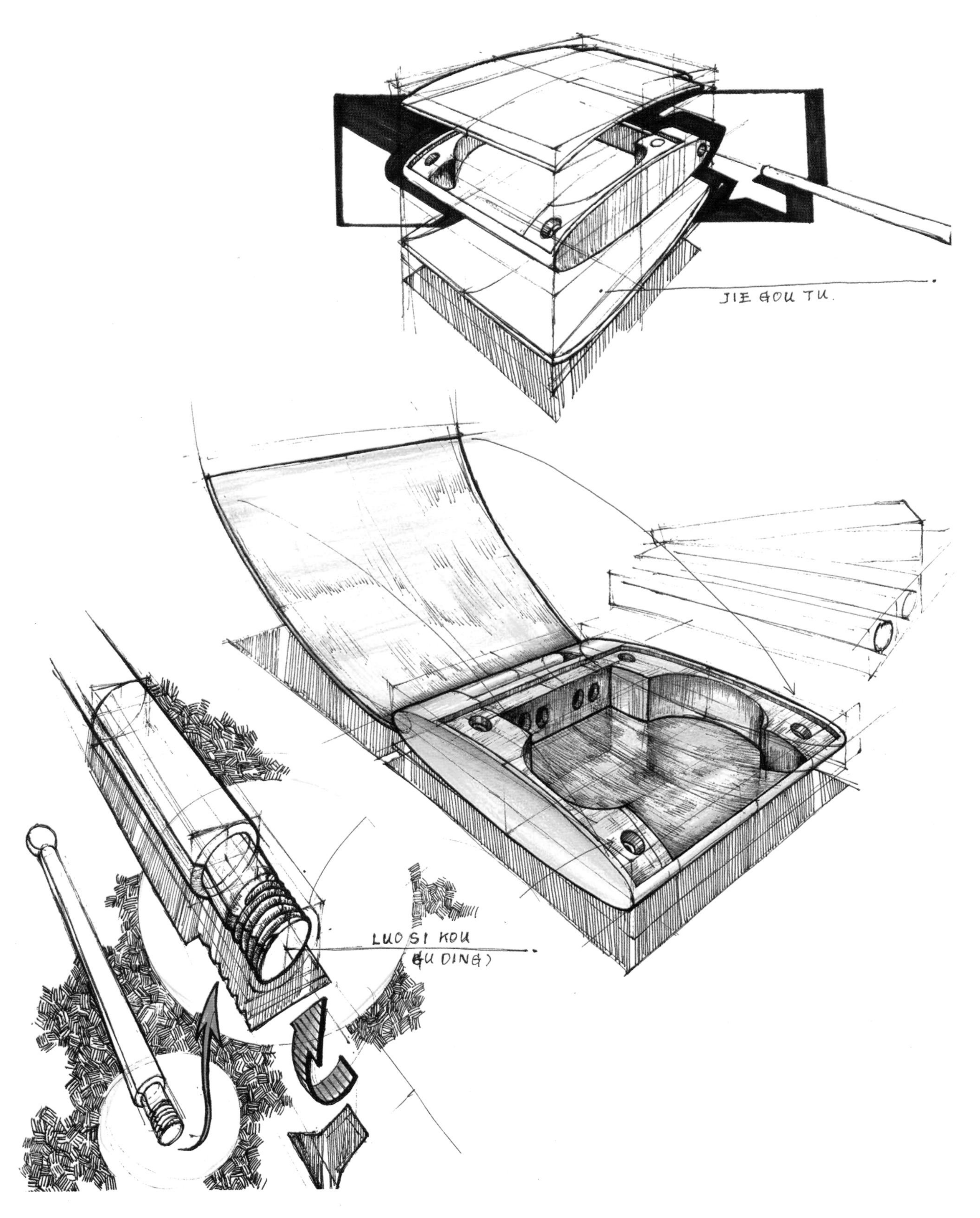

白雪松

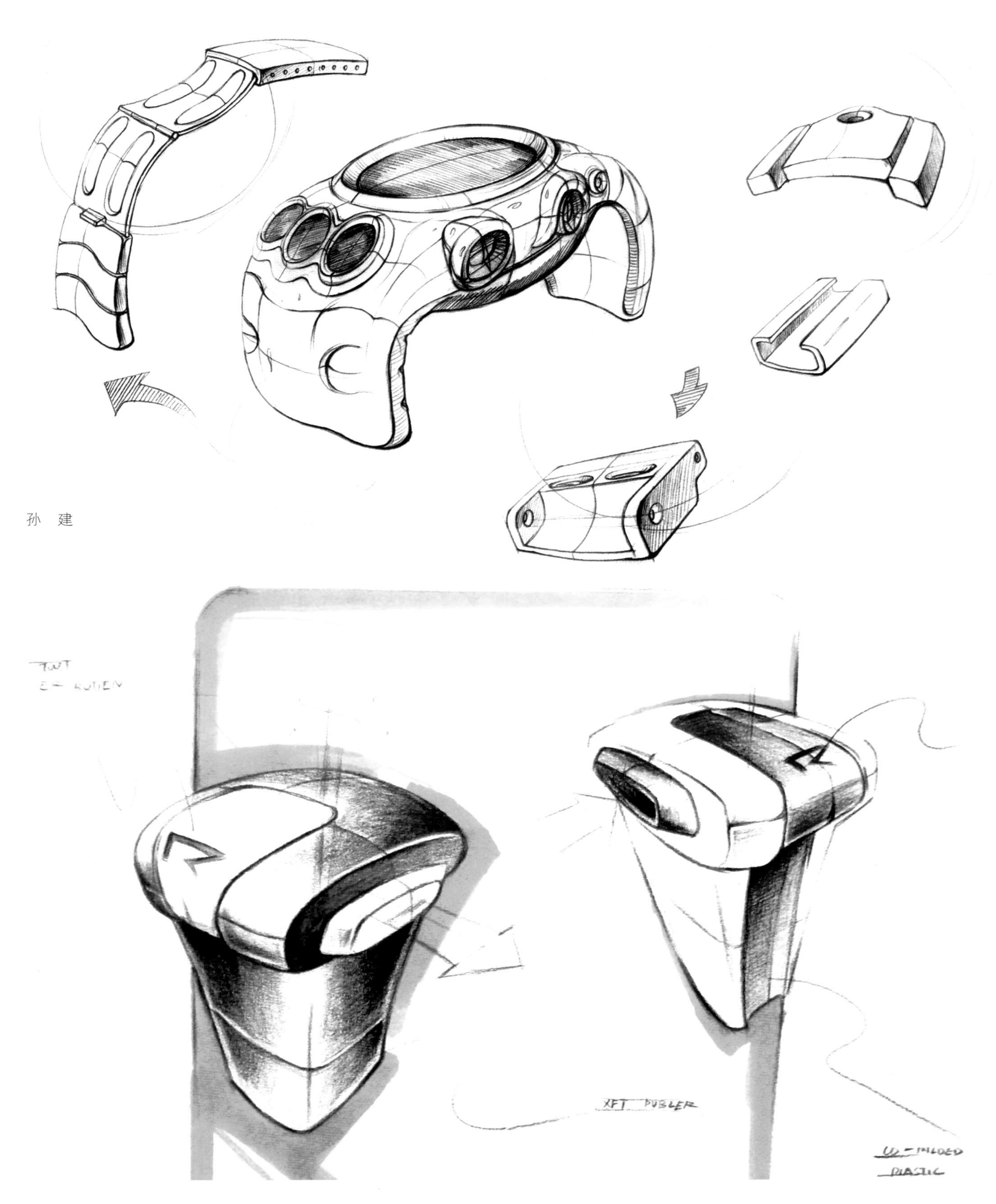

孙 建

第六节　有色纸表现

有色纸的选择是绘制效果图的一种有效的捷径。在色彩丰富的有色纸中，其纸张的颜色加快了效果图的表达效率。绘制时只需要画好预想的形态，加深暗部与阴影、提亮受光部和细节刻画，最后用水粉或白色彩色铅笔点取高光。有色纸的技法处理时如能与色粉很好的结合使用，也会达到意想不到的效果。表现时要尽可能有效地使用底色，留出一定的区域。在纸张选用上通常选用颜色明度为中性的纸张居多，针对一些特殊的表现形体可机动选择。

李雪松

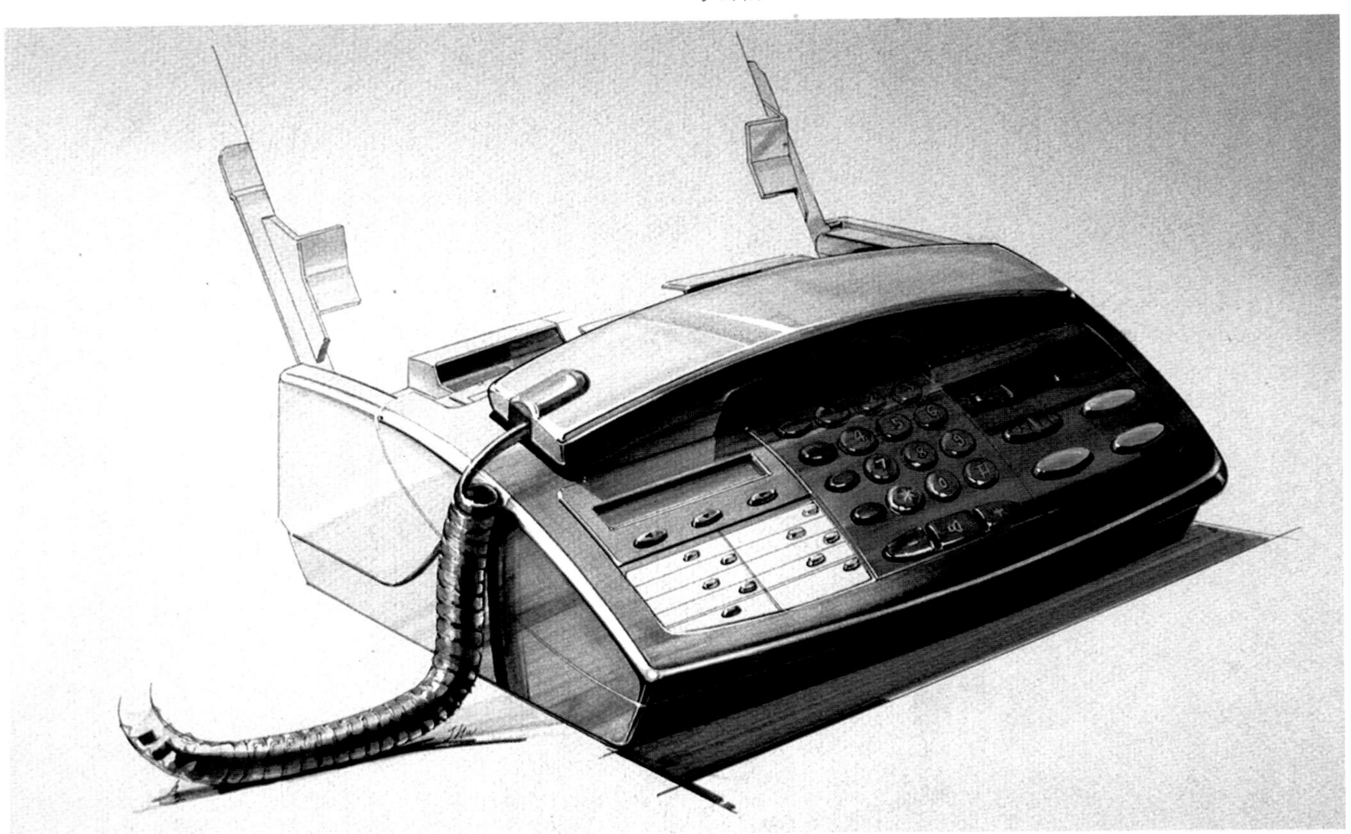

焦宏伟

遇明歌

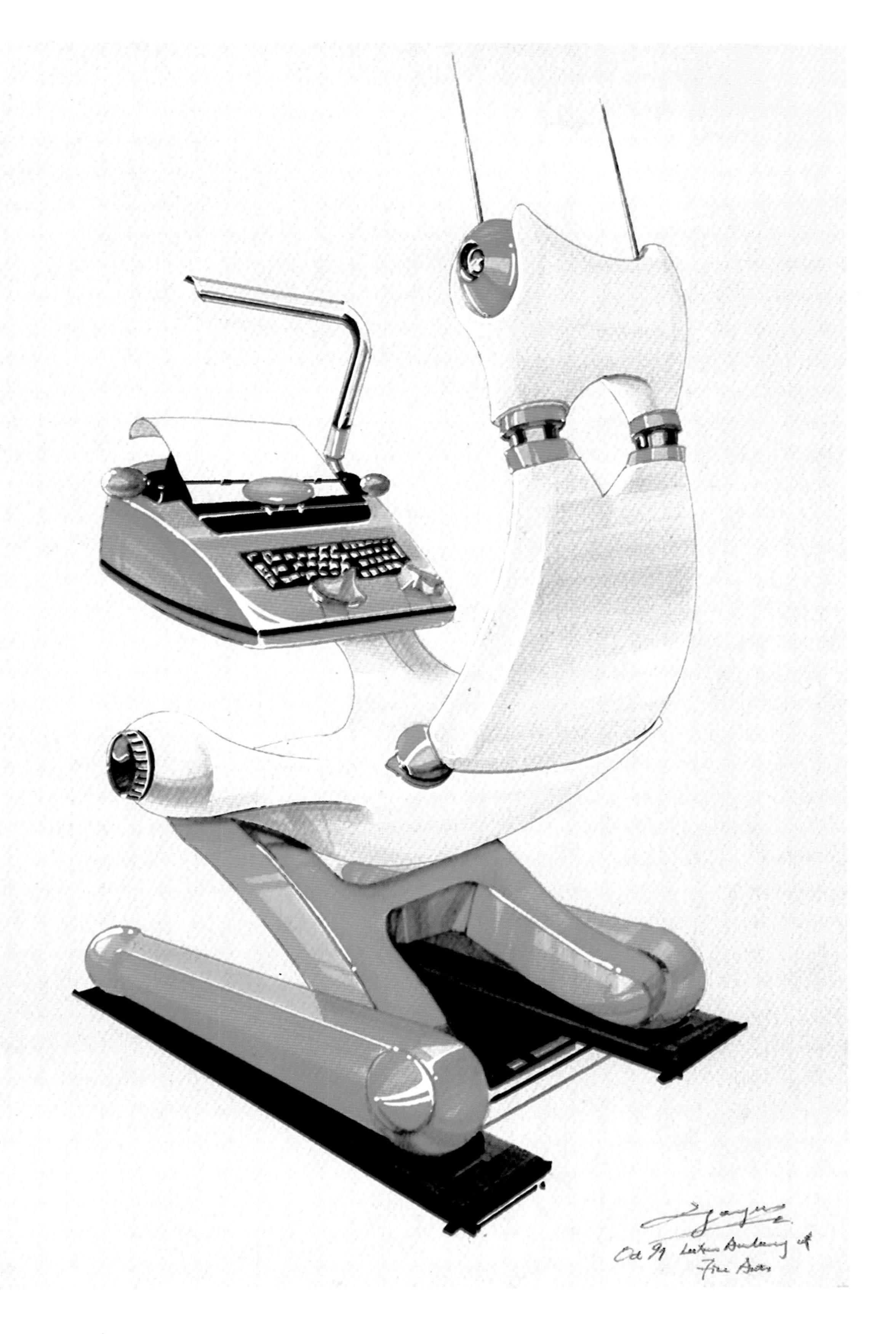

遇明歌

遇明歌

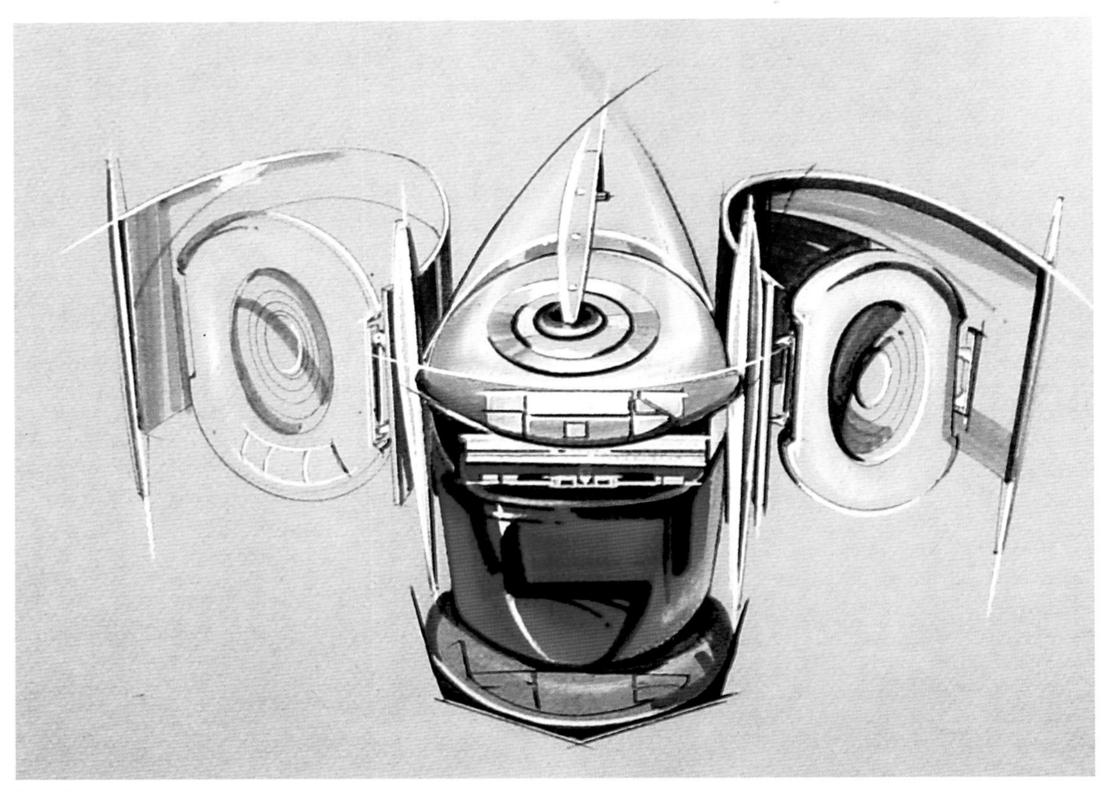

杨　超

第七节　渐层法表现

渐层法是产品效果图中常用的表现技法之一。这种技法重点强调光感效果，明暗对比强烈，很适合表现光洁度高、透明性好的材料质感，它较细腻地表现产品的造型、色彩和组合关系。在方法运用上首先用透明水色或水彩调出所需要的颜色，由深到浅快速运笔，形成丰富的层次。待干后，用不透明的色彩画出物体颜色，最后用结构线将主体勾画出来。

陈　峰

郑环宇

曹伟智

曹伟智

陈 岩

第八节　特异法表现

在设计表现中，个性的抒展是效果图快速表现中所提倡的。每个设计者的绘画功底各有所长，发挥其特长是效果表现的首选。从感性角度去营造效果是特异法表现的魅力所在，看似模糊、夸张的推演展现，却隐藏着无限的玄机与肯定。让观者更多的享受到现代产品与设计艺术相结合的感召力。

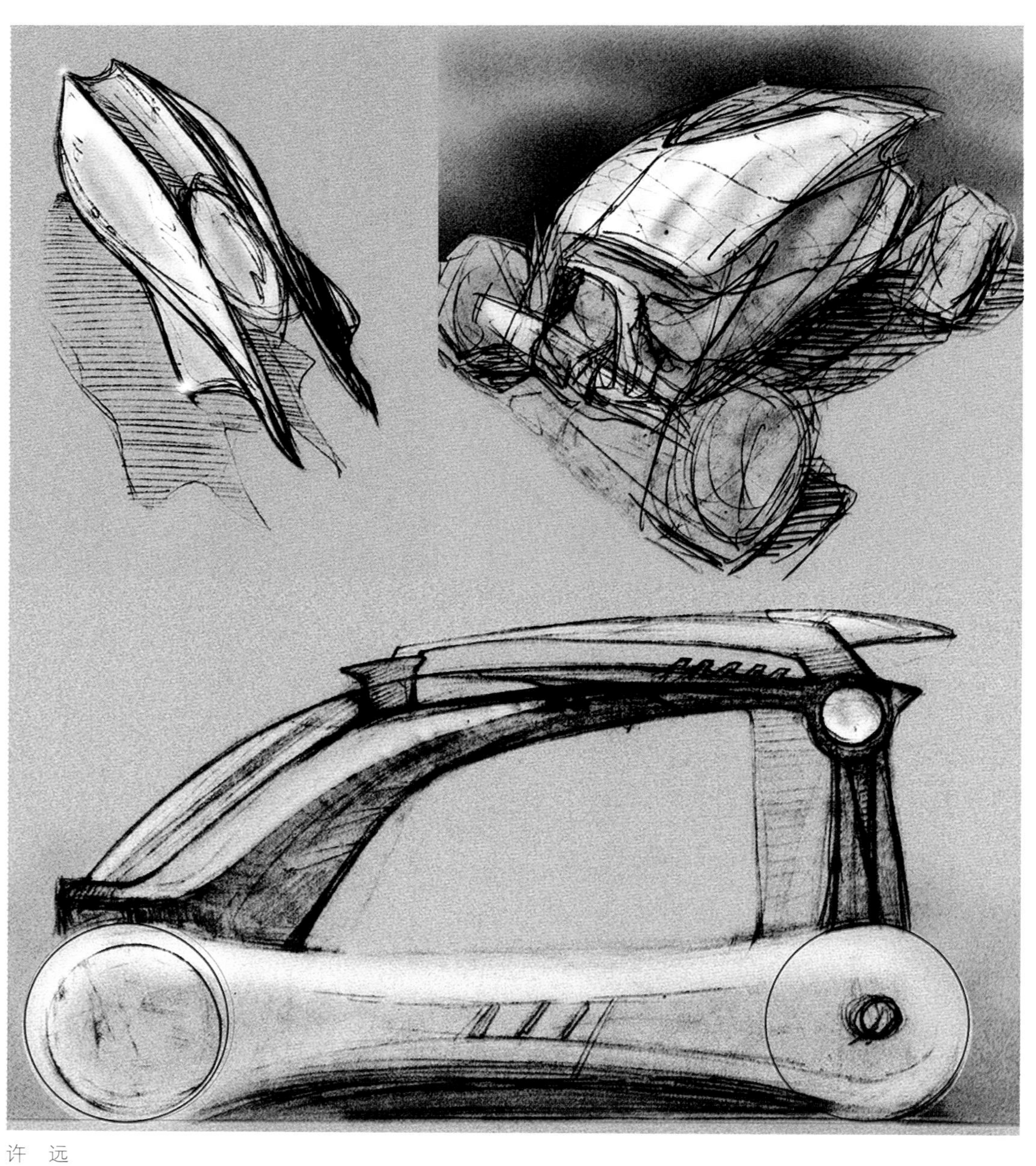

许　远

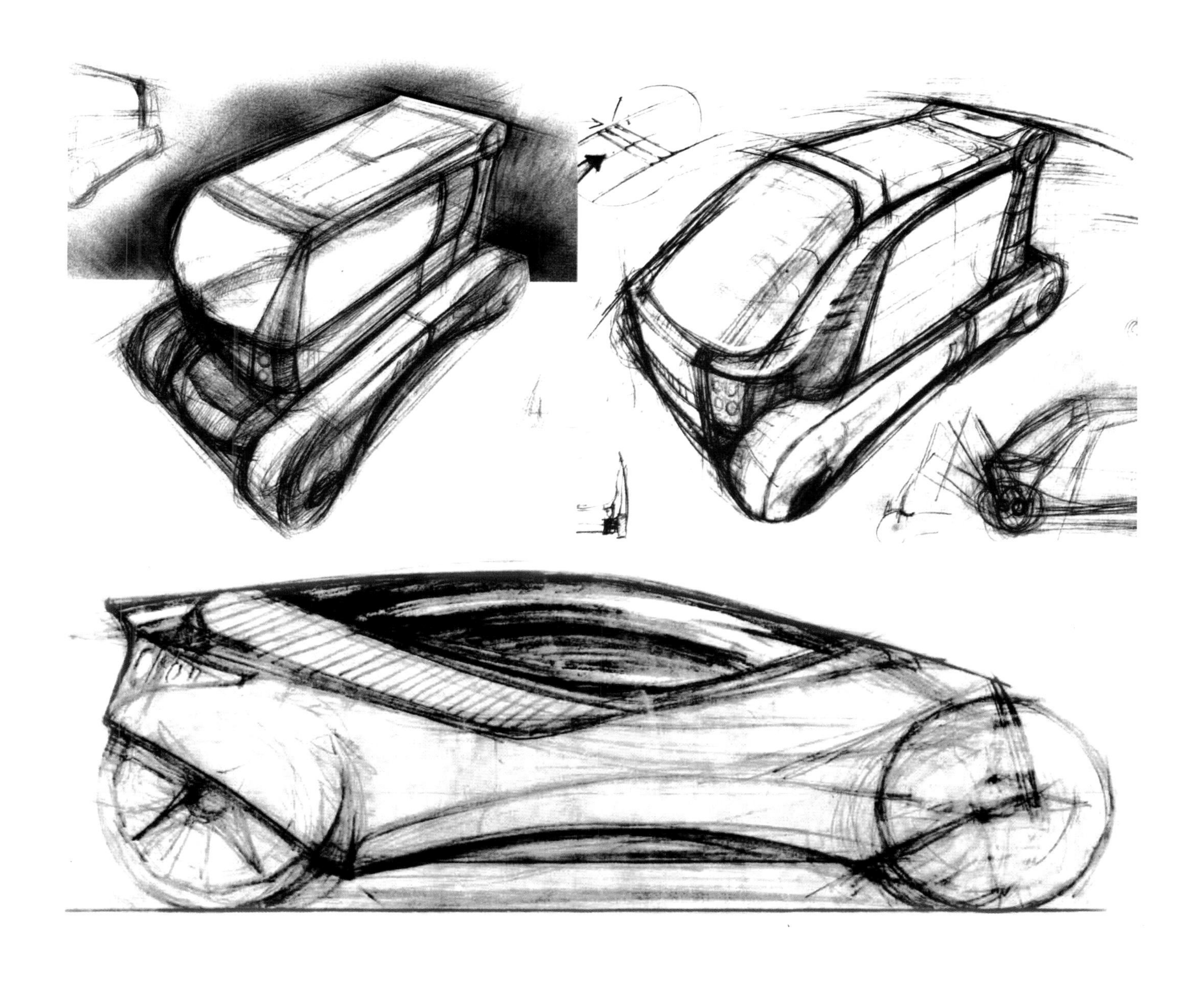

许　远

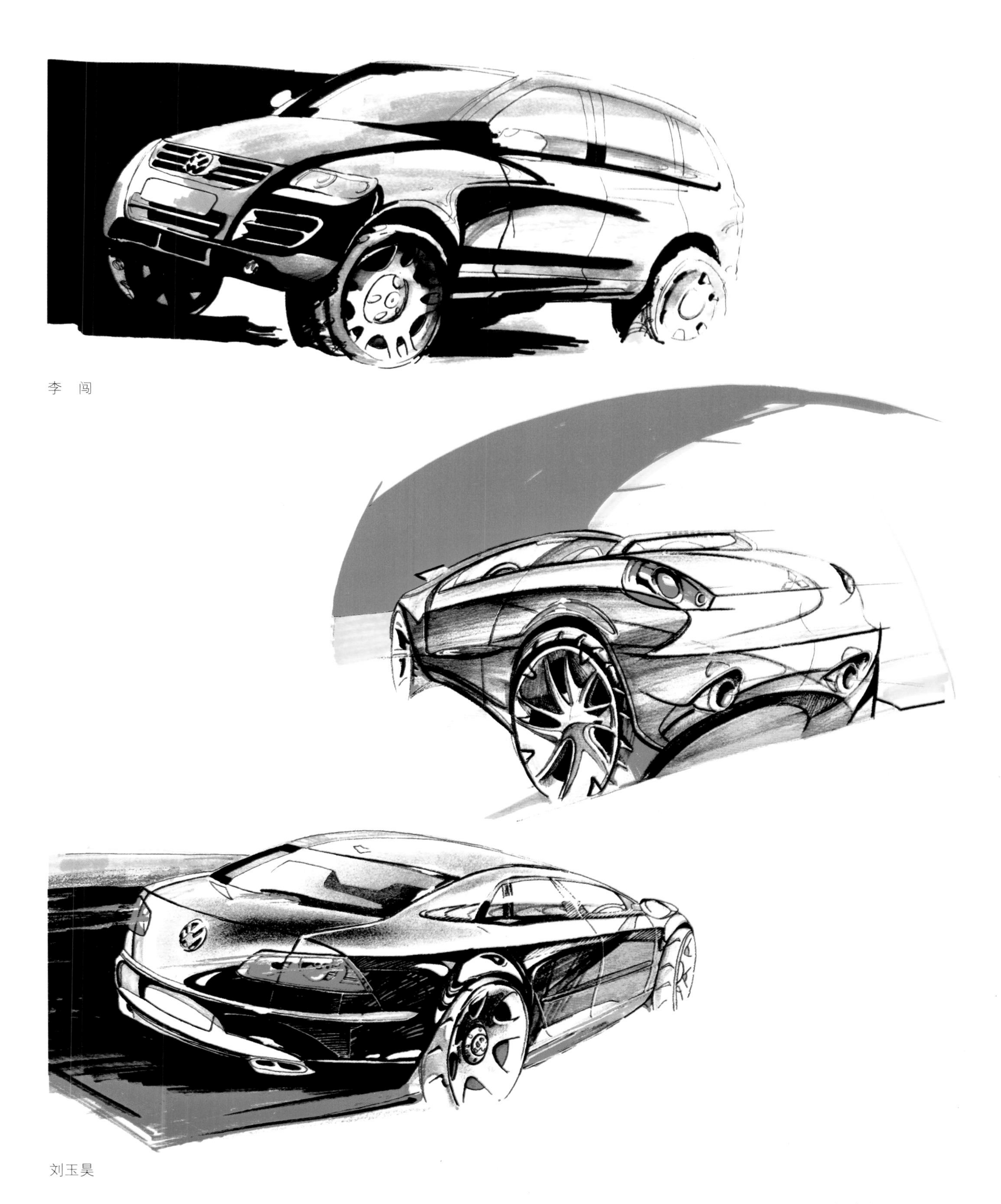

李　闯

刘玉昊

第九节　综合法表现

综合法是在效果表现中运用多种绘图工具与技法相结合的一种表现方法。综合法表现常用的工具是马克笔与色粉、透明水色、水粉的配合使用，这是快速表现中一种常见的表现技法，它有效地提升了画面效果的生动与清透。这种方法的运用在不同的物体上处理方式也截然不同，需归属于产品属性的表现上，一般在画面中色粉的运用起到了重要支撑。效果背景的颜色可以是主体固有色的补色或此主体的混合色，也可以是单一的重色。目的在于将表现的主体衬托出来。黑色的投影具有很好的衬托作用，可以增加产品的体量及质感。

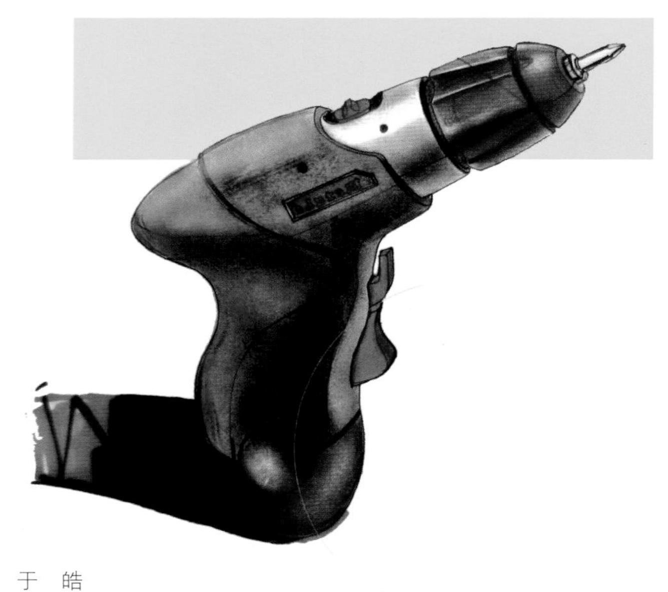

于　皓

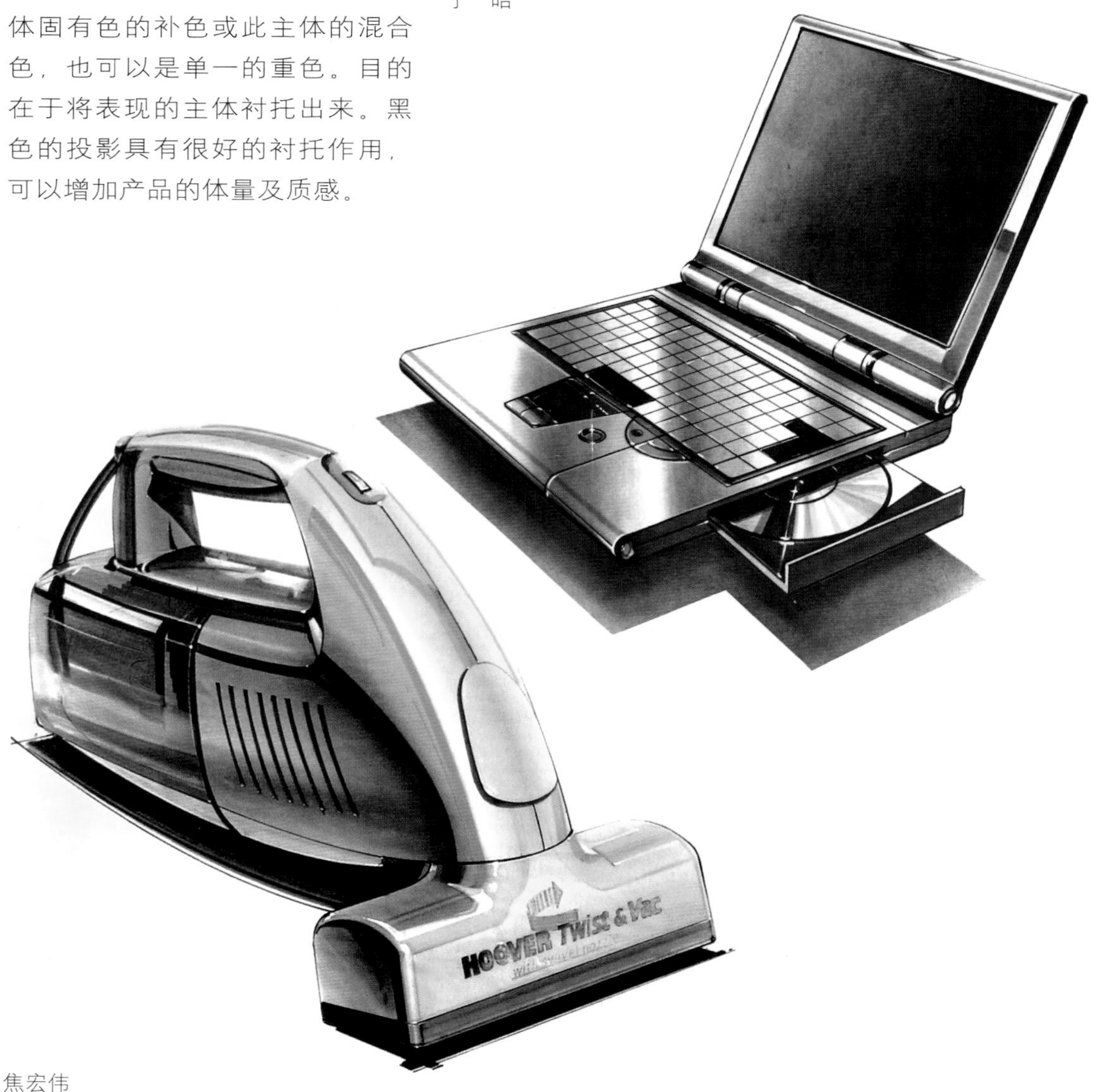

焦宏伟

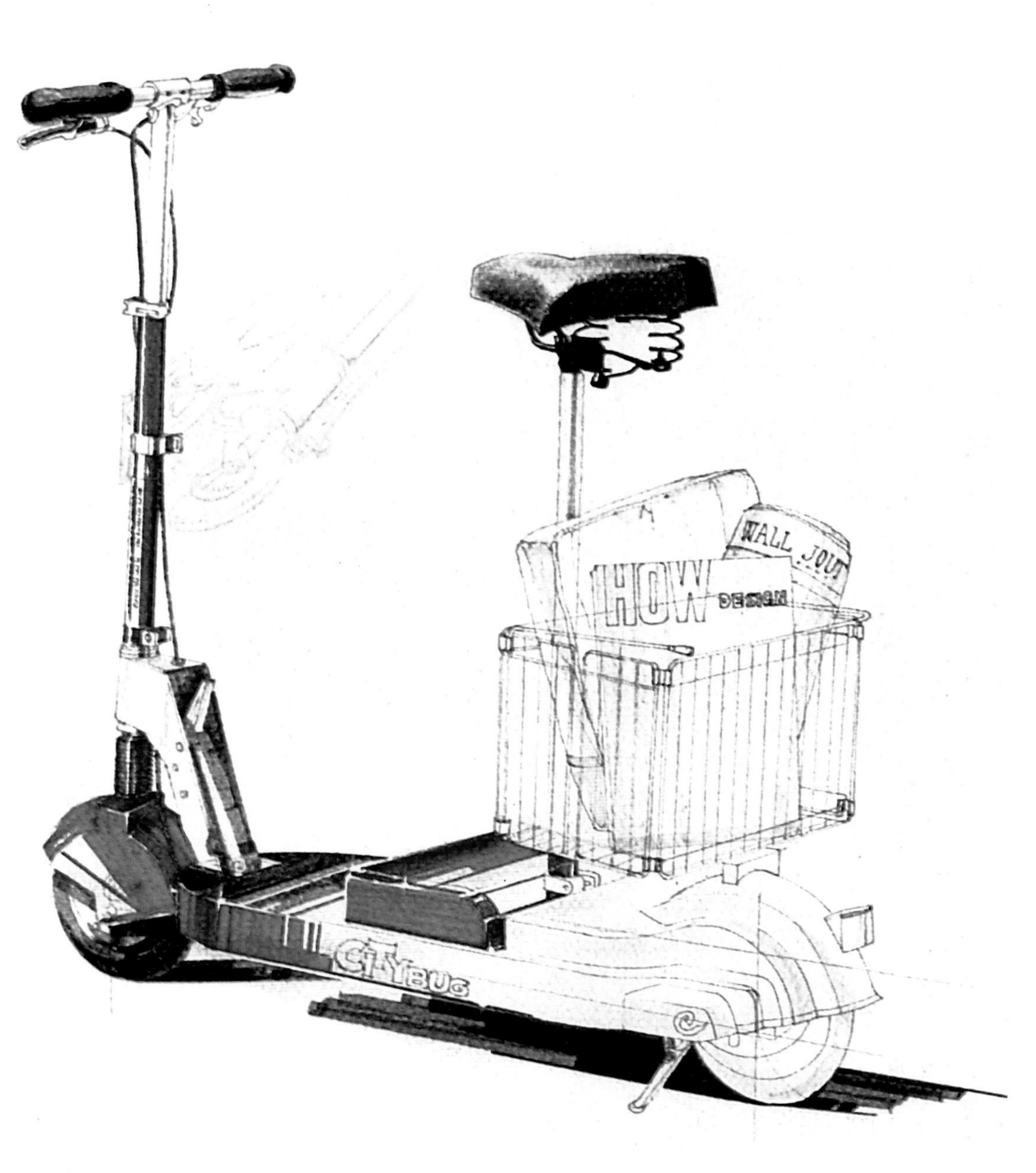

葛 岩

同一产品不同风格画法的实施，有利于从中寻找产品表现的各自特点，并将这些特点加以灵活掌握和运用，从而更好地表达出产品的自身特点。

焦宏伟

于 洋

辛万志

——第五章——

计算机数位板辅助表现技法

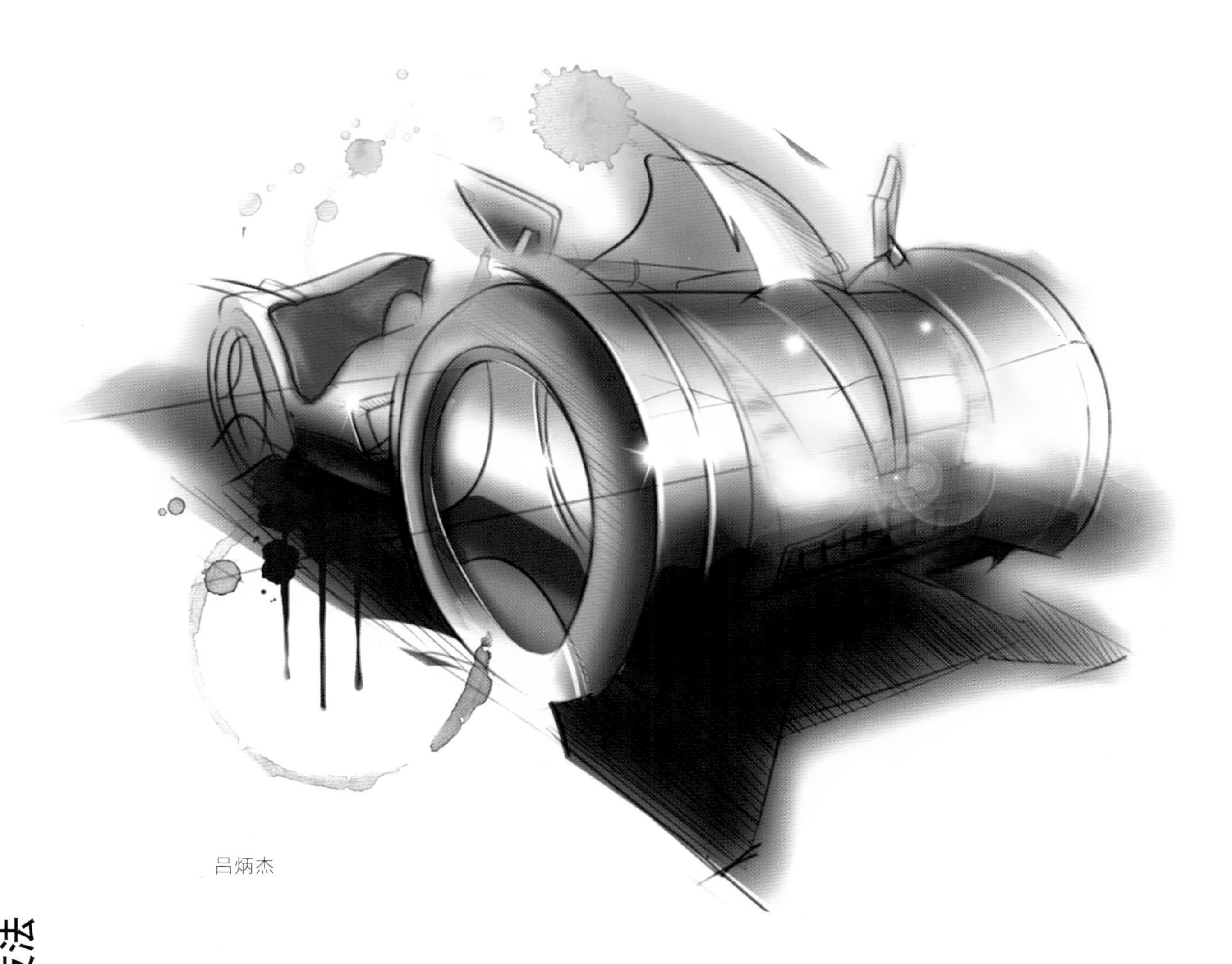

吕炳杰

第五章　计算机数位板辅助表现技法

计算机作为一种信息化的设计载体，已进入工业设计流程的各个环节，使工业设计研究的理论和方法发生了革命性的变化。随之而来的数位板艺术作为新时代独立的艺术创作语言，以其独特的魅力受到越来越多设计师的喜爱。

随着更多的造型表现形式融入电脑表现艺术中。数位板绘图的方式被越来越广泛地应用于工业设计、影视动画、平面设计、环境艺术设计及服装设计等领域。

经历过“手绘”和“鼠绘”阶段的设计师迫切需要一种全新的工具来代替以往的绘图方式，来提高设计绘画效率与质量，数位板就是在这一需求下快速建立起来的技术支持。产品的外观设计借助数位板艺术的表达手段，使当今设计师能够更加清晰快速地诉诸其个性抒展的创意表现。数位板与绘图软件的结合，把数码艺术诠释得更加完美。它不断地完善美学与技术间的平衡，在现实与虚拟世界中搭建了一条通道。

数位板的表现是计算机辅助设计的一种方式，通常表现产品设计图的初期构想，也称为创意草图（Idea ketch），主要目的就是表达造型与色彩的构思，在最短的时间内尽可能快速地捕捉转瞬即逝的灵感，要求以简洁、明快、高效的手段来绘制出简单扼要、主题明确的效果。达到便于设计者的沟通与交流，为整个的设计流程做好铺垫。

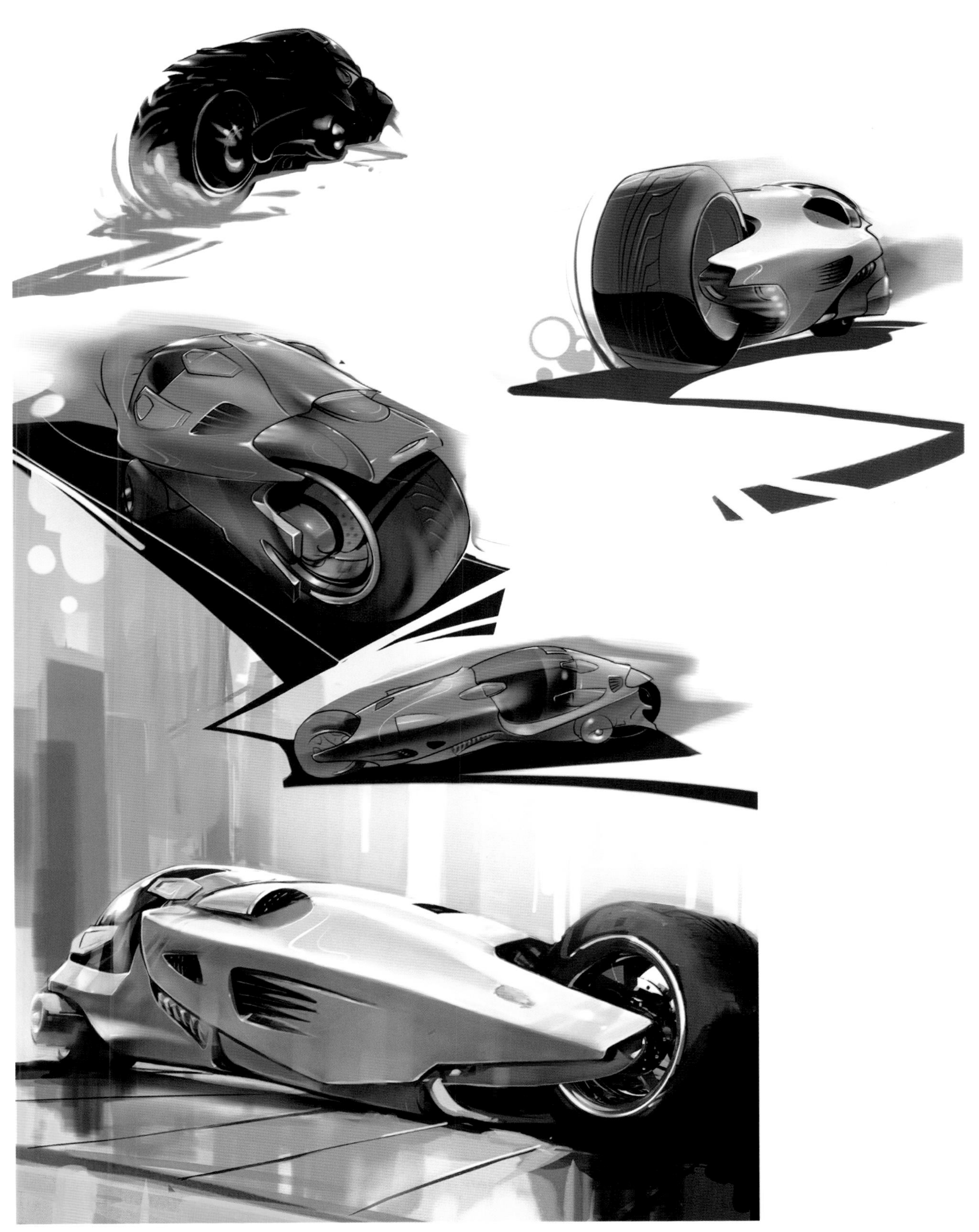

李圣元

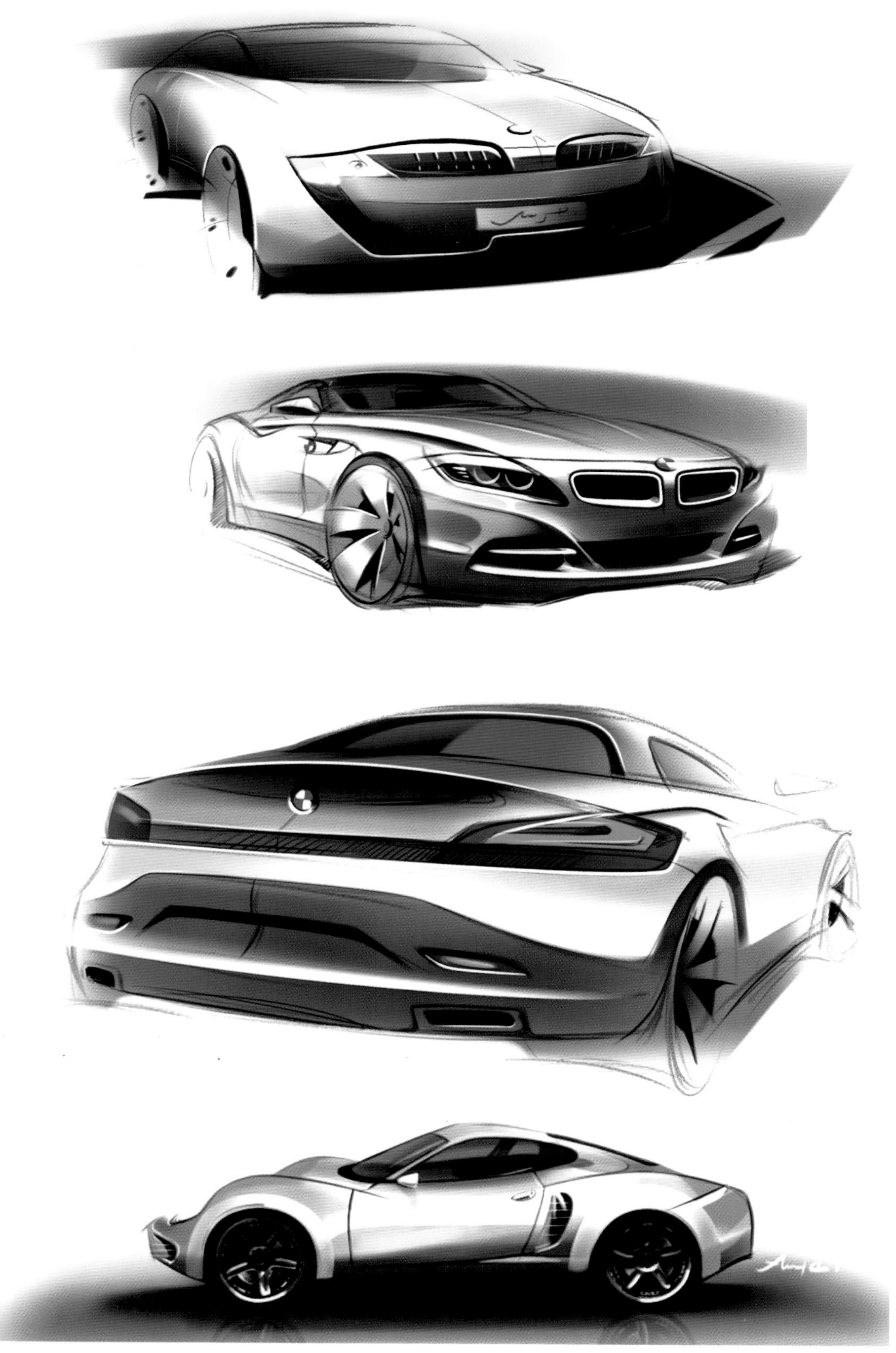

安　稳

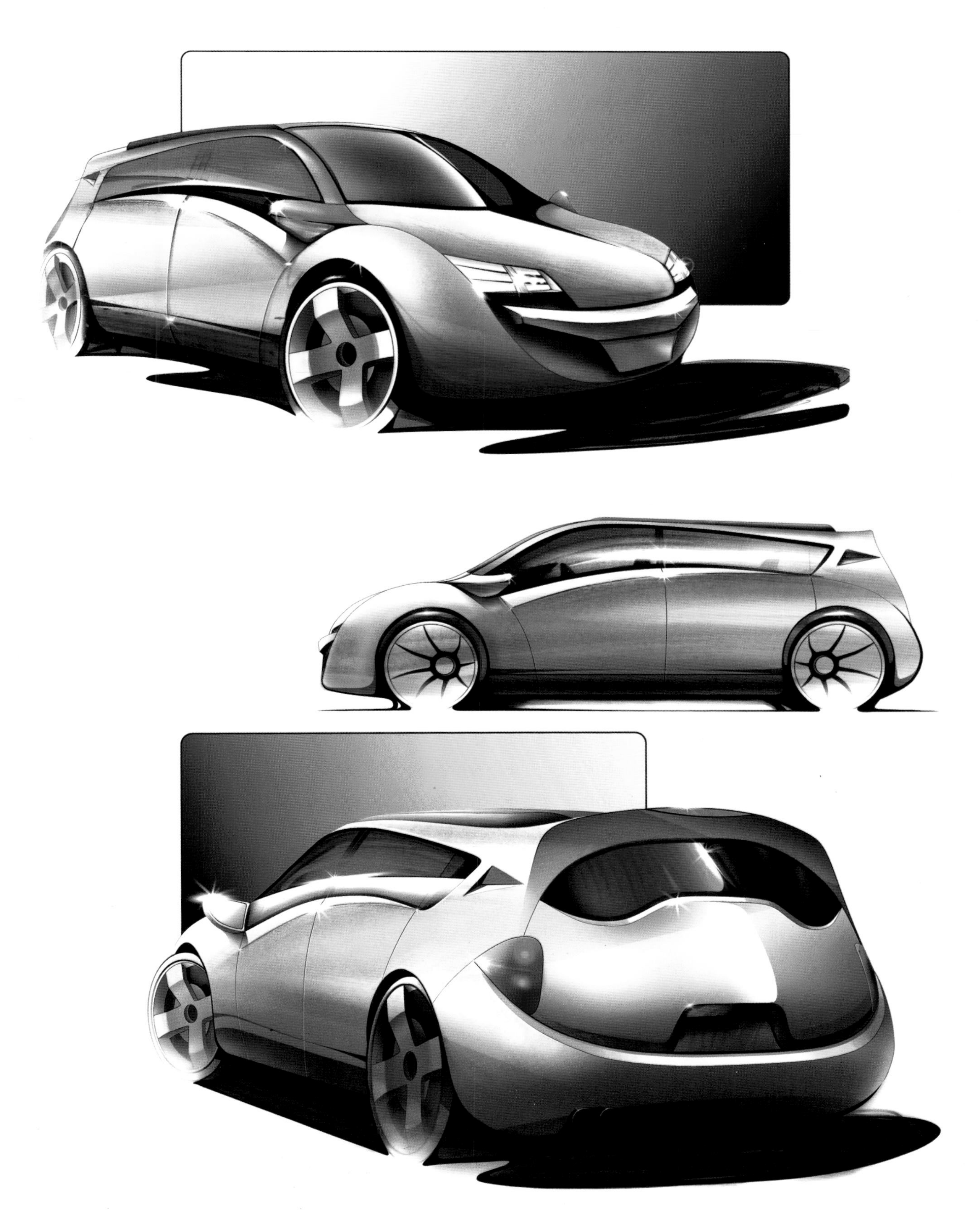

王 宇

张 安

张 安

李志仲

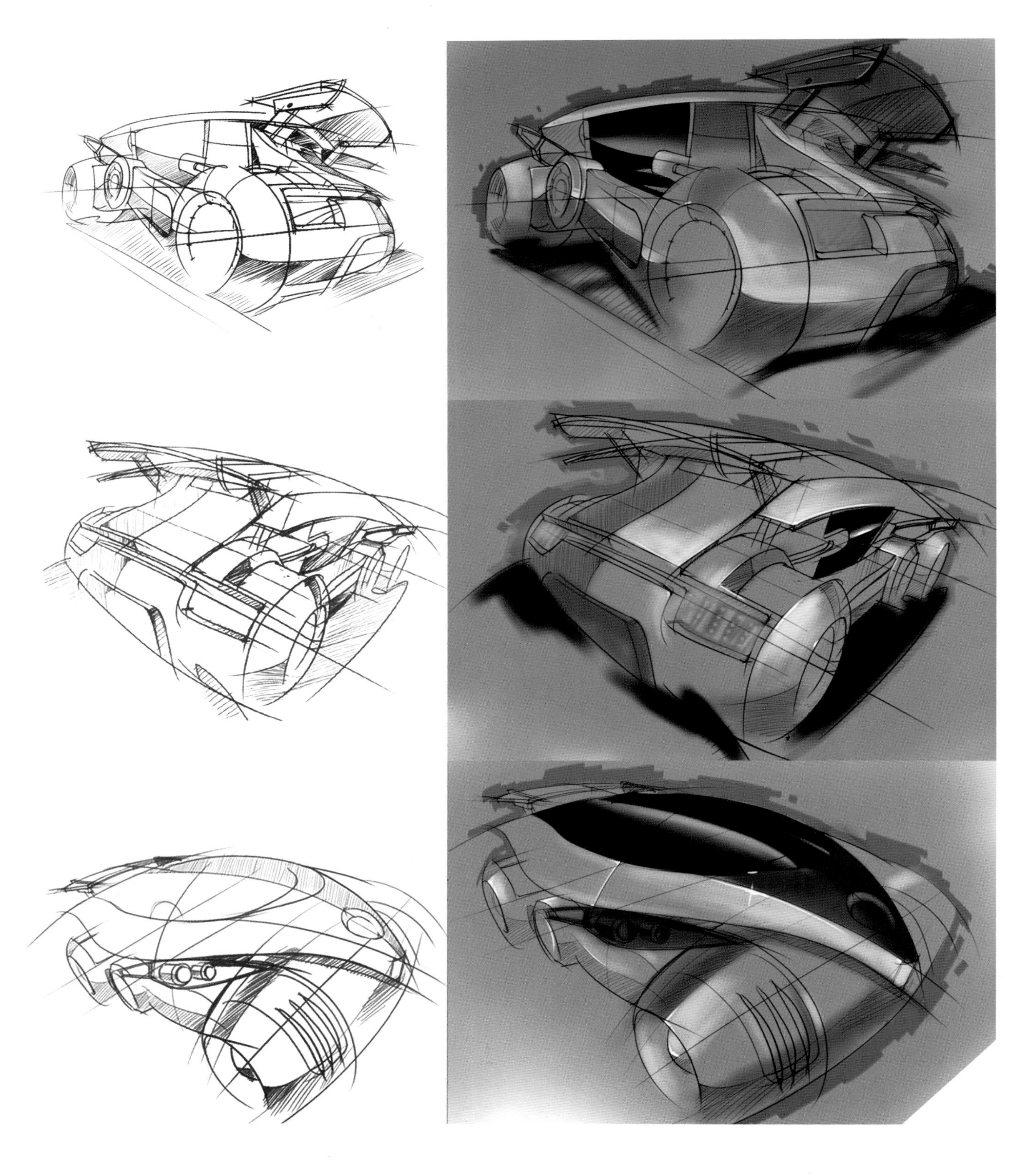

白雪松

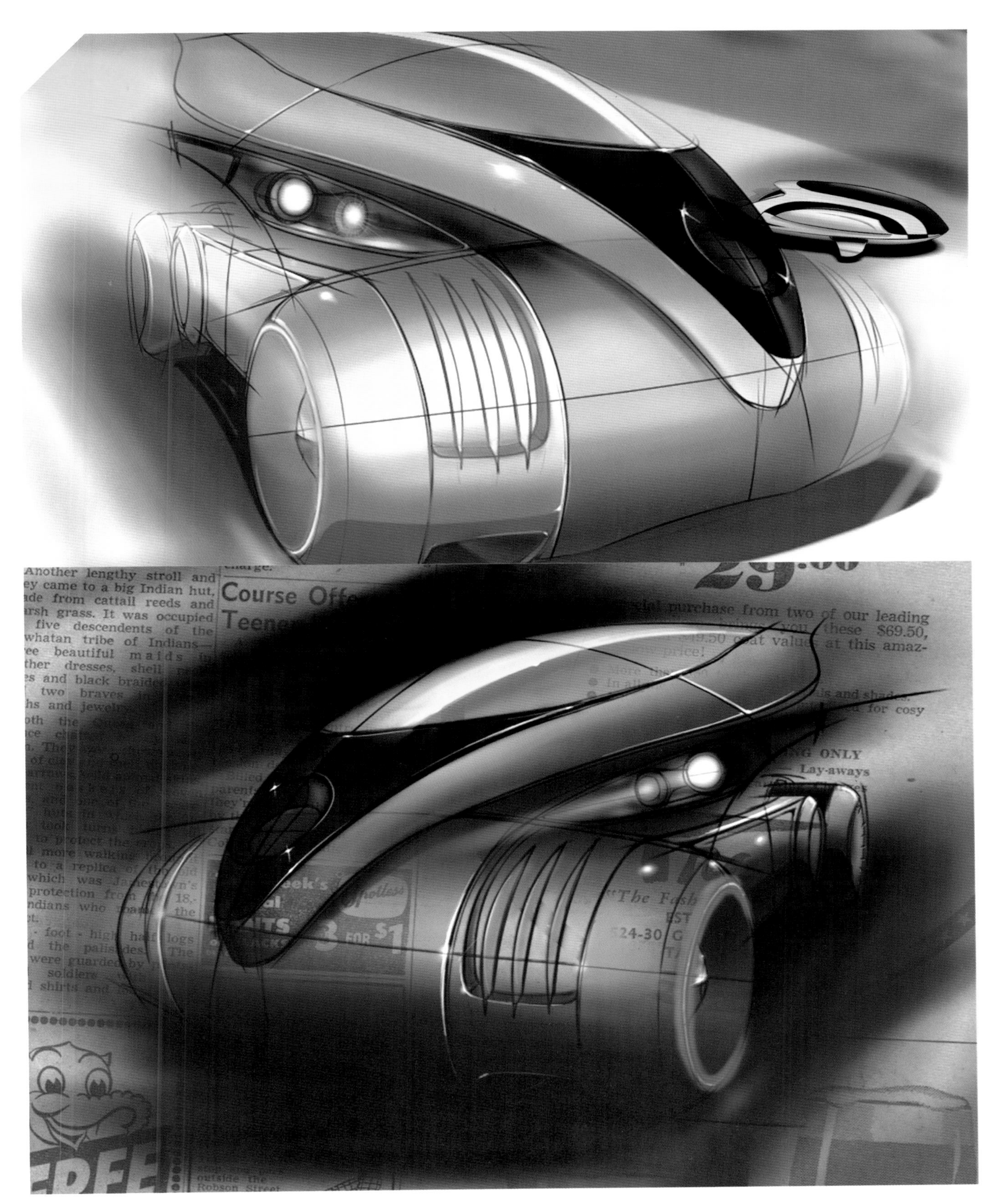
Another lengthy stroll and
ey came to a big Indian hut,
ade from cattail reeds and
rsh grass. It was occupied
five descendents of the
whatan tribe of Indians—
Course Offe
Teene
29.00
purchase from two of our leading
$69.50,
at this amaz-
price!
ls and shades
for cosy
NG ONLY
Lay-aways
"The Fash
24-30
3 FOR $1
which was
protection from
to protect the
to a replica of
d the palisades.
were guarded by
soldiers
d shirts and
outside the
Robson Street
FREE

白雪松

于 洋

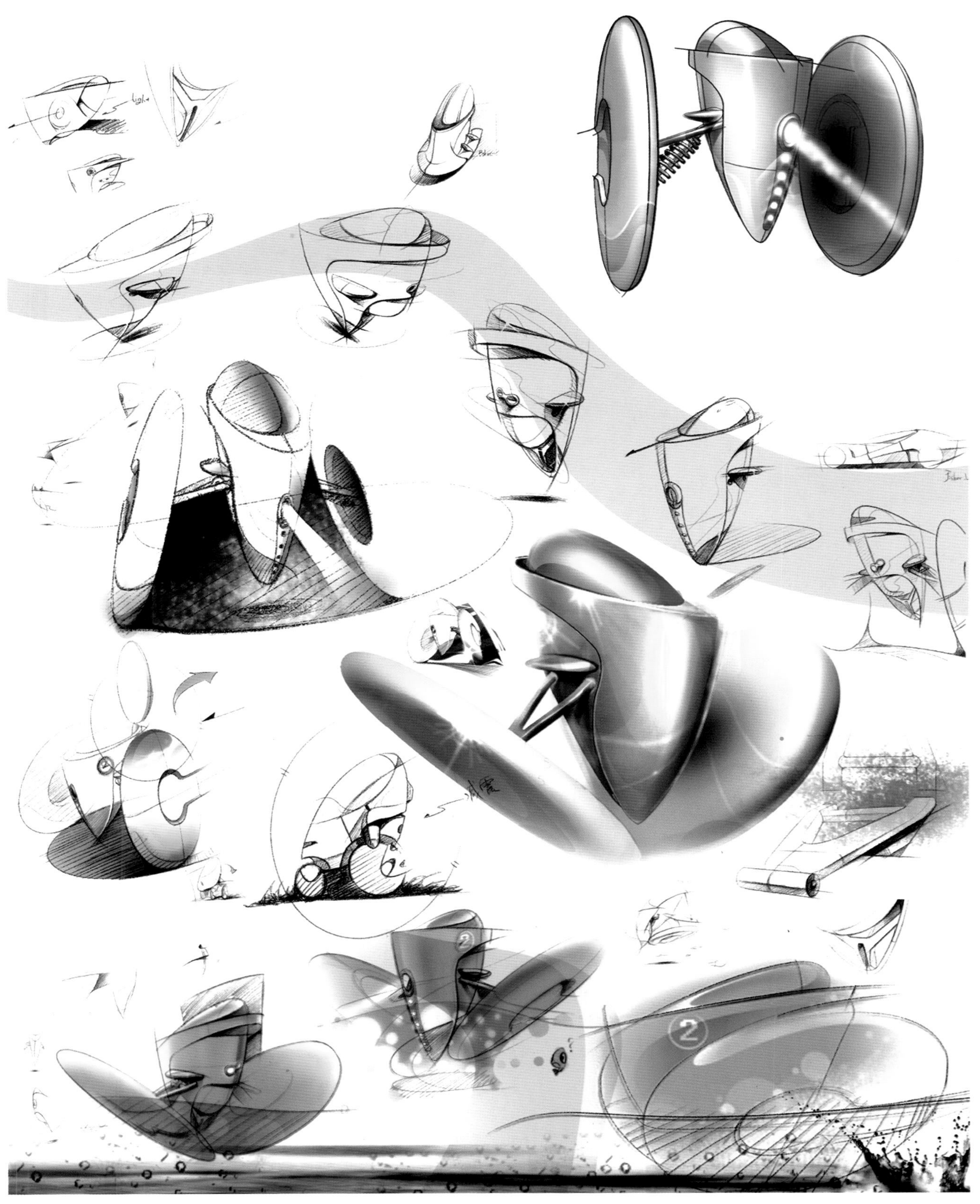

于 洋

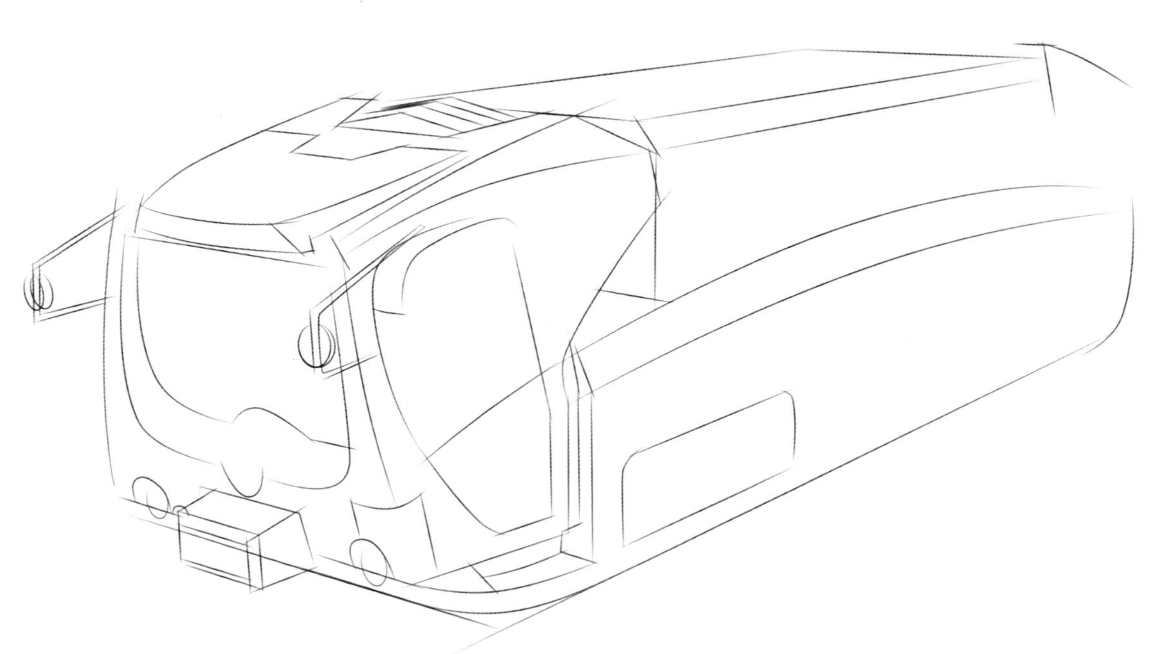

首先，绘制出车体一些大的特征线，把握好整体与局部之间的比例以及透视关系。

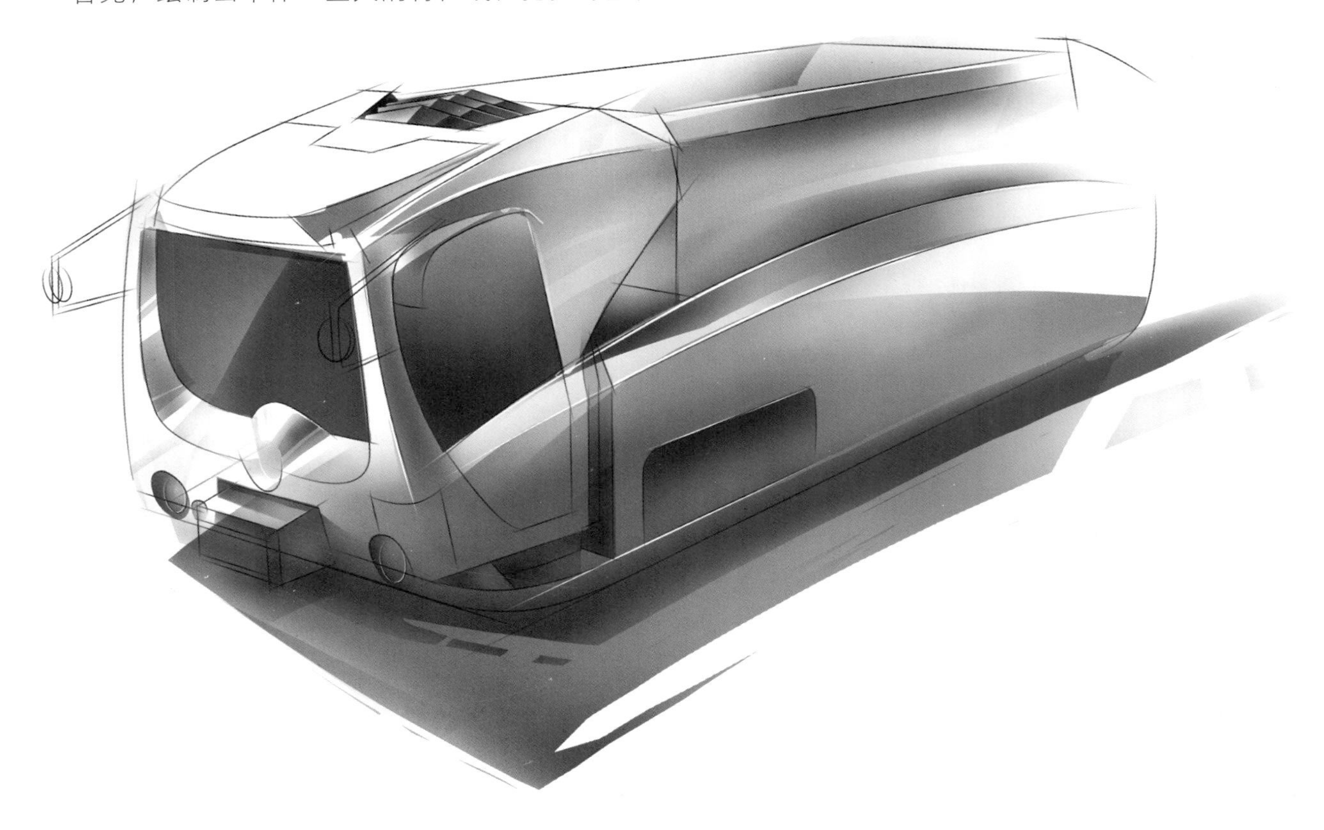

其次，应用喷笔及橡皮擦工具绘制车体素描关系及质感表现。

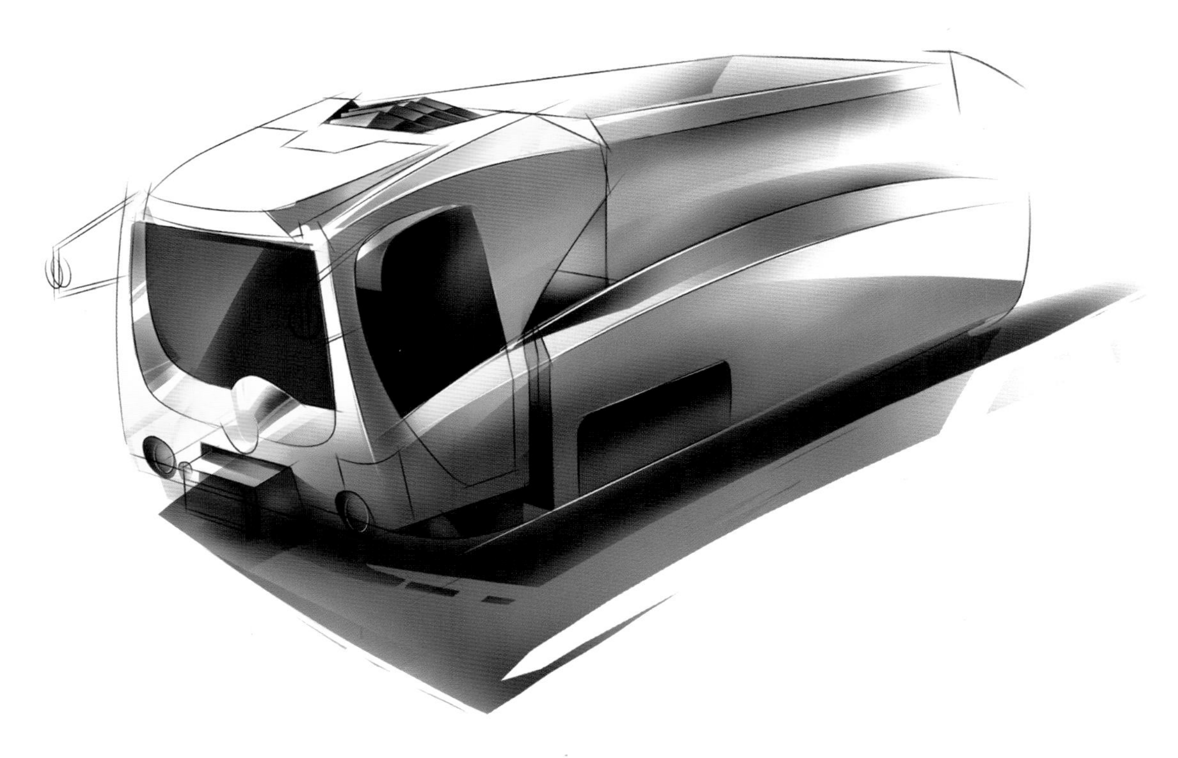

对牵引车头着色处理，新建颜色属性图层应用橘红色喷笔着色。

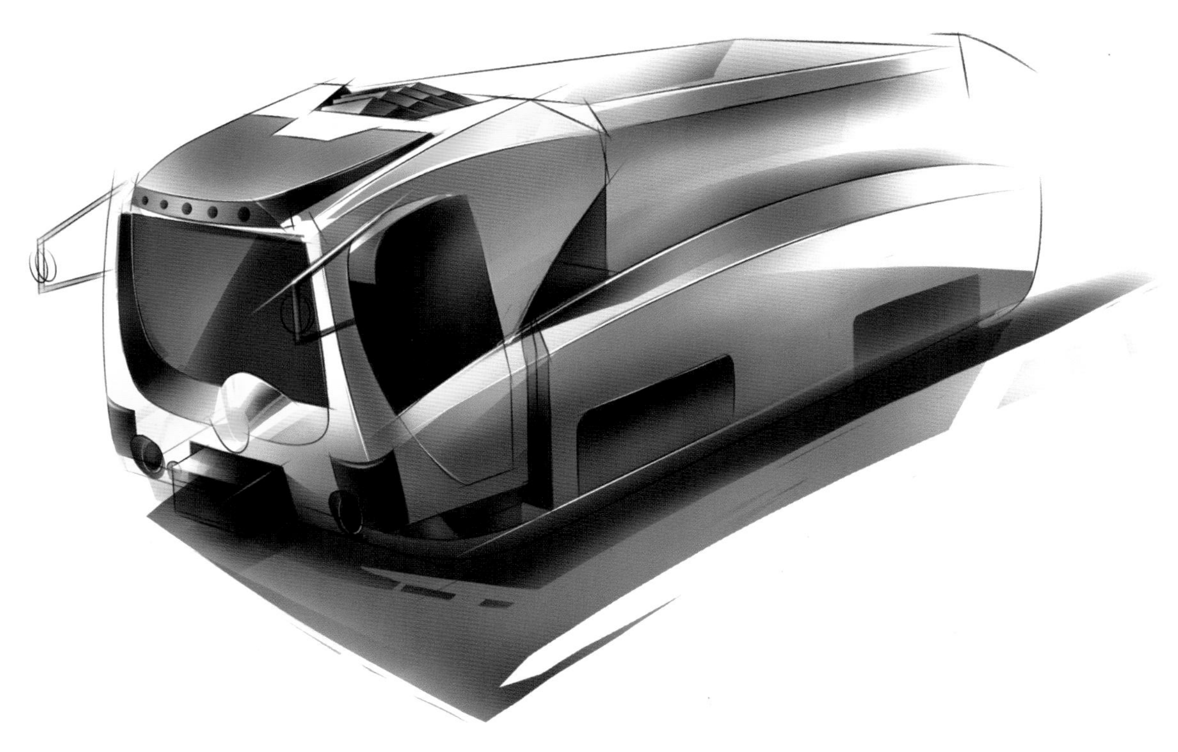

完善车体细节，用细画笔绘制出高光线，凸显画面精细度。

岳广鹏

数位板底色高光法绘制汽车效果图，首先绘制线稿勾勒出车体框架。

新建图层置于底层，使用填充工具，将整个底层填充灰色。

新建图层为车添加高光。

使用喷笔工具交代大面黑白灰关系，并绘制出投影。

进一步细化，并调整明暗关系。

添加前灯、车体反射灯细节，完成效果图绘制。　　孙　健

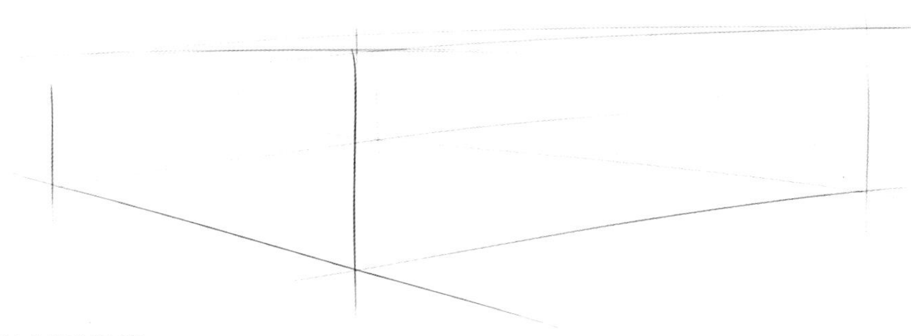

绘制透视线。

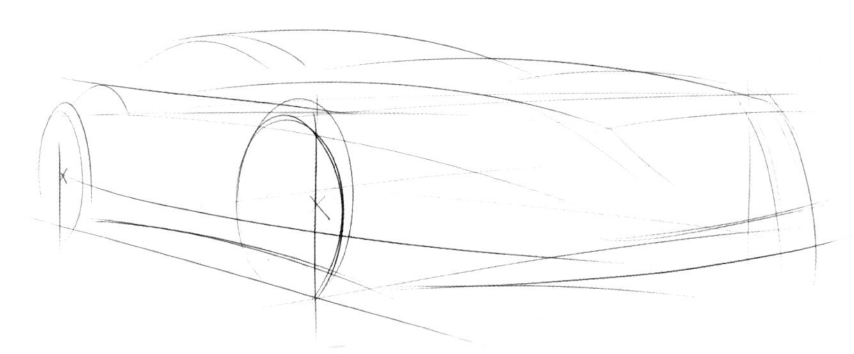

根据透视线绘制车体外轮廓，要求线条简洁流畅。

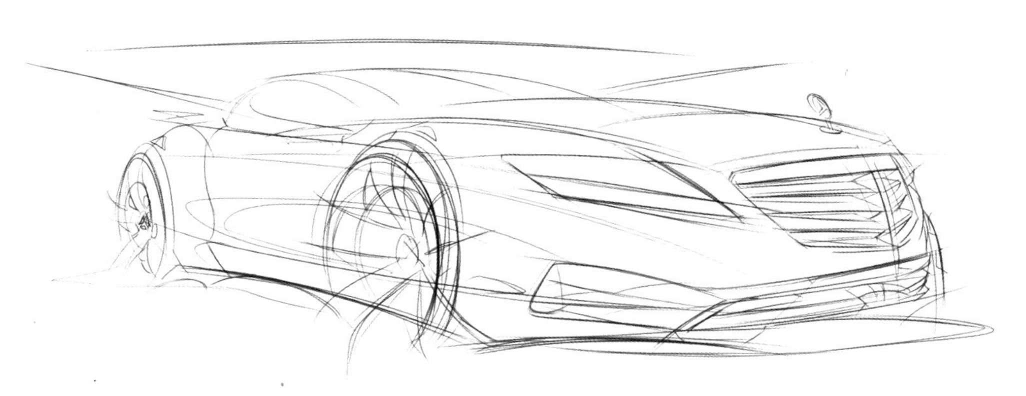

绘制车体细节，要求相对准确的曲线可以用绘图软件中的路径工具进行绘制。

在新图层里大笔触简单着色交代明暗关系。

调整着色层透明度，并对着色层色块进行细化处理，可应用橡皮擦工具。

新建图层使用喷笔工具为场景添加环境色，确保线稿层在环境色层之上。

在环境光图层使用橡皮擦工具交代高光位置。

新建图层更改为颜色图层，使用蓝色喷笔更改环境色色相。

强调明暗交界线，增强车体体积结构关系。

为前引擎盖增添反射涂层，增强质感表现。

在新图层用画笔工具为车体添加投影，交代投影方向。

为反射材质添加高光区，可用喷笔工具与橡皮擦工具相结合达到高光渐变效果。

完善细节，调整画面，达到最终效果。

张　安

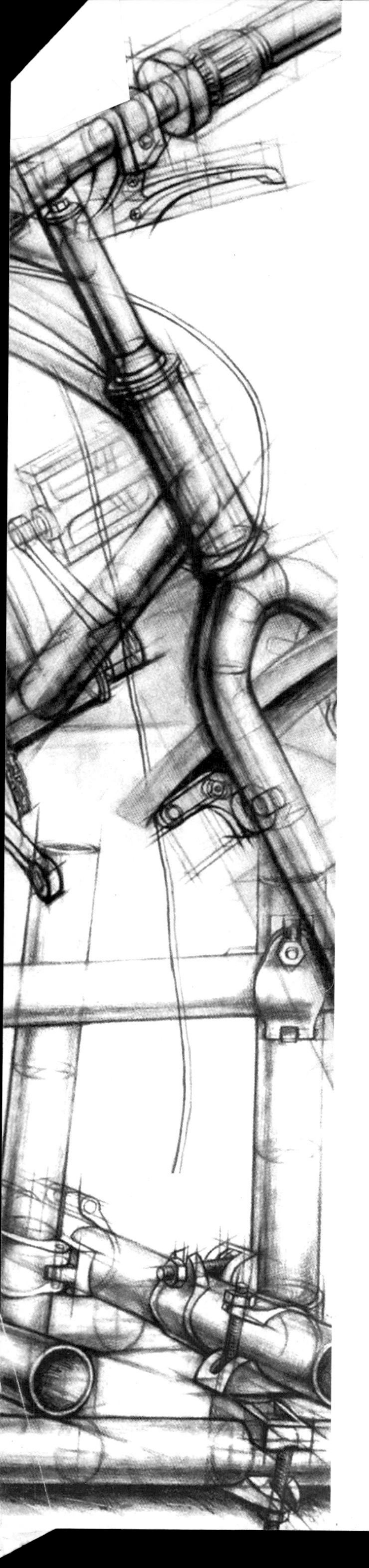

后记
postscript

>>> 产品设计中，无论是现实的构思还是未来的设想，都需要设计师通过设计效果图的形式，将抽象的创意转化为具象的视觉媒介，表达出设计的意图。

>>> 本书通过系统描述，从产品效果图的表现基础——产品手绘效果图快速表现形式——产品手绘效果图的快速表现种类及作用——产品手绘效果图表现的基本技法——计算机数位板辅助表现技法五个方面指明了产品手绘效果图的表现方式与实践趋向，并以多种视角来解决产品设计中表现技能的提高，引导学生对产品手绘的感悟与个性的抒发，进而在深入的学习与研究中培养综合设计潜能的开发。这部教材始终围绕持有不同表现个性的学生，以自身绘画特点求其所长，将基础、方法、案例贯穿为一个统一的整体，强调教学过程的启迪，激发学生的灵动性，促进设计深度与广度的发挥。

>>> 书中的作品全部来自于鲁迅美术学院工业设计系近些年专业教学、课程实践及设计大赛的手绘表现作品。作品具有原创性、典型性和代表性，可为具备不同表现能力的学生提供参考。本书在编写过程中特别感谢鲁迅美术学院工业设计系主任杜海滨教授对本书的顺利出版给予的支持与指导。同时在编写过程中，得到了鲁迅美术学院工业设计系老师和同学给予的热情支持，在此表示诚挚的谢意。

曹伟智